Jiyu Huise Jianmo Jishu de
Daguimo Dizhen Zaihai
Jiuyuan Wuzi Xuqiu Yuce Yanjiu

张军　王桐远　李丽丽　苟焰　著

基于灰色建模技术的
大规模地震灾害
救援物资需求预测研究

中国财经出版传媒集团

经济科学出版社
Economic Science Press

图书在版编目（CIP）数据

基于灰色建模技术的大规模地震灾害救援物资需求预
测研究/张军等著．—北京：经济科学出版社，
2019.8

ISBN 978 - 7 - 5218 - 0815 - 5

Ⅰ.①基…　Ⅱ.①张…　Ⅲ.①地震灾害－救援－物资
需要量－预测－研究　Ⅳ.①P315.9②F252.2

中国版本图书馆 CIP 数据核字（2019）第 182122 号

责任编辑：谭志军　李　军
责任校对：蒋子明
责任印制：李　鹏

基于灰色建模技术的大规模地震灾害救援物资需求预测研究
张　军　王桐远　李丽丽　苟　焰　著
经济科学出版社出版、发行　新华书店经销
社址：北京市海淀区阜成路甲 28 号　邮编：100142
总编部电话：010 - 88191217　发行部电话：010 - 88191522
网址：www. esp. com. cn
电子邮箱：esp@ esp. com. cn
天猫网店：经济科学出版社旗舰店
网址：http://jjkxcbs. tmall. com
固安华明印业有限公司印装
710 × 1000　16 开　11.25 印张　210000 字
2019 年 12 月第 1 版　2019 年 12 月第 1 次印刷
ISBN 978 - 7 - 5218 - 0815 - 5　定价：48.00 元
（图书出现印装问题，本社负责调换。电话：010 - 88191510）
（版权所有　侵权必究　打击盗版　举报热线：010 - 88191661
QQ：2242791300　营销中心电话：010 - 88191537
电子邮箱：dbts@ esp. com. cn）

前 言

自然灾害极易造成重大人员伤亡和财产损失。社会发展和进步的历史，也是一部抗击各种自然灾害的斗争史。特别是对于地震、洪水、滑坡等突发性灾害，由于目前监测和预报工作的局限性，很难提前做出准确的预报，而这些灾害往往涉及面积大，影响范围广，短时间内会造成大量群众受灾，同时也会带来物资搬运，卫生防疫等救灾问题，如果不及时反应可能导致灾难发生，造成大量伤亡。

中国位于世界性两大地震带之间，地理位置的原因使得地震发生的频率较高，强度较大且分布范围较广，因此，中国是一个受地震灾害影响较大的国家。大规模地震灾害的频繁发生给国家和人民造成了巨大的经济损失和人员伤亡。随着科学技术的进步，我国的大规模地震灾害应急救援与应急管理体系也在不断地完善，且在实际应急救援过程中应急救援能力不断提升，然而与发达国家相比，我国仍存在很多需要学习和改进的地方，且大规模地震灾害在如今还不能有效地进行预测，因此，对于灾后救援工作的合理安排显得尤为重要。在救援初期，由于地震灾害往往造成道路毁坏，通信中断等不利状况，如何在有限时间、有限资源的情况下救助更多灾民，保障救援工作的顺利开展是至关重要的。而这其中最重要的一点就是应急救援物资的预测。救援物资千千万万，不仅要保证伤病员的安全，还要保证一般灾民和救助人员的日常所需；不仅要有救援器械进行辅助救援，还要防止二次灾害发生对救援人员的安全形成威胁。因此，需要对救援物资进行分类，并分别预测每天的需求量，从而可以有效、持续的保障救援。

本书结合各种应急物资的性质、特点以及物资之间的种属关系，为方便物资的需求预测、分级、筹集、配送等一系列的救灾工作，按照大规模地震发生后不同应急救援物资需求的紧急程度不同，将应急救援物资分为三大类，每一大类细分为如下若干小类。

第一类是医药类物资。大规模地震发生之后，第一时间抢救和治疗灾民，防止各种疾病的传播与蔓延，就需要多种医药类应急救援物资。医药类应急救援物资对存储条件要求较高并且只有药品易于保存，医疗器械类物资目前只能依靠临时向其他地方抽调和社会各界的捐助。大规模地震往往瞬间就能造成大量人员伤亡，有时其伤害还可能延续相当长的时间。及时、合理、有序地提供相应的药品以及其他医疗物资保障，是减少人员伤亡的重要因素之一。地震受灾地区的常规医疗用品（主要指常规药品和急救用品）的需求量与受伤人数有关，特殊药品和医疗器械的需求量则与疾病的类型和救援阶段相关。

第二类是生活用品类物资。在调配应急救援物资的过程中，保障受灾地区的群众基本的生活需要是一切工作的核心。生活用品类应急救援物资指的是在大规模地震灾害救援的过程中，受灾地区群众和救援人员都急需的生活用品。它的一般特点是需求数量大，种类多并且储存、管理等容易实现而自身单位价值量不是很大，在大规模地震灾害的物资保障中，绝大部分都会被使用。

第三类是专用救生类物资。专用救生类器材不仅包括大型的机械设备，还包括体积相对较小但单位价值较高的设备。例如地震灾害过程中需要用到的千斤顶、挖掘机、生命探测仪、起重器等。

在大规模应急救援的初始阶段，大量的受伤人员以及被困人员都需要被治疗，从而对医药类应急救援物资的需求就会迅速增长。随着应急救援行动的深入，部分伤员会逐渐康复，此外，还有部分重伤患者会被分流送往未受灾地区接受治疗，此时对医药类应急救援物资的需求会达到一个相对稳定的水平。即大规模地震应急救援阶段对医药类应急救援物资的需求变化曲线呈现饱和的 S 形。因此，采用灰色（verhulst）模型对大规模地震应急救援医药类应急救援物资的需求进行预测，可以很好地贴合其变化趋势对其进行预测。

在大规模应急救援的过程中，生活用品类应急救援物资主要的供给对象是未被掩埋的幸存者，对于他们来讲急需得到应急救援物资来维持生命。但是随着救援时间的推进，不断地有被困的灾民和受伤群众被发现。此时，应急救援物资不但要满足他们维持生命的需要，还要注重应急救援物资的质量、结构等。也就是说，生活用品类应急救援物资的需求呈现出阶段性变化的特点。在实际的新陈代谢 GM（1，1）建模过程中，在原始数据序列中分阶段抽取部分数据来建模并且在抽取数据的过程中不断的淘汰旧数据，加入新数据，这样就能将不同阶段的不同情况、不同条件反映在模型中。采用新陈代谢 GM（1，1）模型对大规模地震生活用品类应急救援物资进行预测，可以将不断变化的地震灾情考虑及时地反映到模型中，大大地提高了模型的预测精度。

地震的强度和烈度不同，不同地区的地形、房屋结构，受灾面积也不同，所需要的专业应急救援器械也会有所差别。因此，大规模地震之后专用救援器械类应急救援物资的需求受到地震的震级、地震持续时间、地震发生地区的人口密度以及当地建筑物的抗震等级等因素的影响。灰色关联模型就建立了不同地震同目标地震的关联度，寻找与目标地震在这些差别因素上最为相似的地震，从而根据已经发生地震的专用救援器械类应急救援物资的需求来预测目标地震的专用救援器械类应急救援物资的需求情况。灰色关联模型将影响专业救援器械选择的地震震级、地震持续时间、地震发生地区的人口密度以及当地建筑物的抗震等级因素都考虑进了模型的计算中，更贴合了专业救援器械需求的实际情况。

本书采用新陈代谢灰色模型、GM（1，1）模型、灰色关联模型分别对大规模地震之后的各类应急救援物资需求进行预测，将灰色系统的理论研究拓展到了一个新的应用领域，是对灰色预测理论的推广。应急救援物资需求预测是应急物流管理研究领域的一个重要分支，本书借用灰色建模技术对大规模地震灾害应急救援物资的需求进行科学预测，是对应急救援物流管理理论的丰富与发展。其研究具有较强的理论意义。同时，我国是一个地震灾害频发的国家，灾害造成巨大的人员伤亡和财产损失。因为应急物资供需不平衡、灾区信息无法及时获取，当爆发大规模突发事件后，决策者如果能够化被动为主动，在短期内整合灾区资讯、预测灾区应急资源需求，将有助于迅速、有效地分配应急资源，最大限度地发挥已有资源的使用效益，从而避免物资配送不及时、供需失衡等现象，减轻灾害的影响具有重要意义。为此，引入灰色系统的新的预测方法来进行深入研究，以构建一套新的能够对大规模地震实施快速、高效、准确救援的新机制。应急物流管理是近几年来备受关注的研究热点，对于提高政府的应急管理能力具有重大意义。

同时，本书撰写中，西南交通大学王桐远博士主要参与撰写了第 1 章（部分）、第 2 章（部分）、第 5 章、第 7 章；重庆财经职业学院李丽丽老师主要参与撰写了第 1 章（部分）、第 2 章（部分）、第 6 章、第 9 章；重庆工商大学苟焰老师主要参与撰写了第 1 章（部分）、第 2 章（部分）、第 3 章、第 4 章、第 8 章。另外，司艳红、文思涵、赵雪琴、林萍、龚燕秋等也在本书的资料收集、整理、分析和部分编写中提供了大量的帮助。本书研究地区均不含中国的港澳台地区。再次感谢本书团队成员的共同努力！

本书受到国家社科基金重大自然灾害应急救援物流管理创新研究项目（项目编号：10XGL0013）及重庆市"三特行动计划"物流管理特色专业等项目的资助。

另外，本书在写作过程中，还大量引用了国内外的相关文献资料，对于绝大部分文献都做了标注，如有遗漏之处，恳请谅解，并向相关文献作者表示由衷的感谢！

张军

2019 年 5 月

目 录

第 1 章

绪 论

1.1 选题背景

地震灾害是指破坏性强烈的地面震动形成的地面断裂和变形而引起的建筑物及工程设施的破坏、倒塌及伴随的次生灾害造成人员伤亡与财产损失。近年来，大规模地震频繁发生已经给我们的生产和生活造成了难以估计的损失。以下各年份发生的大规模地震主要有：

2003 年，2 月 24 日上午 10 时 03 分新疆伽师—巴楚地区发生了里氏 6.8 级强烈地震，造成 266 人死亡及重大财产损失。5 月 1 日，土耳其东部的宾格尔省发生里氏 6.4 级强烈地震，造成 176 人死亡，600 多人受伤。5 月 21 日，阿尔及利亚的布米尔达斯市发生了里氏 6.2 级地震，造成约 2300 人死亡，10000 人受伤，20 万人无家可归，财产损失高达 4000 亿第纳尔（约合 50 亿美元）。12 月 26 日，伊朗东南部科尔曼省巴姆郡发生里氏 6.6 级强烈地震，共造成 26271 人死亡，另有 30000 人受伤。

2004 年，2 月 24 日，摩洛哥北部塞马地区发生里氏 6.5 级强烈地震，造成 628 人死亡，926 人受伤。10 月 23 日，日本东京以北的新潟地区发生里氏 6.8 级地震，造成 65 人死亡，3000 多人受伤。12 月 26 日，印度尼西亚苏门答腊岛附近海域发生里氏 7.9 级强烈地震并引发海啸，波及印度洋沿岸十几个国家，造成 20 多万人死亡或失踪。

2005 年，2 月 22 日，伊朗南部克尔曼省当天发生里氏 6.4 级地震，在该次地震中死亡人数超过 600 人，有 900 多人受伤，受灾人数达 3 万多。3 月 28 日，印尼苏门答腊北部发生 8.5 地震，印尼苏门答腊官员称，有将近 2000 人在地震中丧生。10 月 8 日，巴基斯坦发生 7.8 级强烈地震，有 79000 名巴基斯坦人被证实在地震中遇难，另有 65038 人受伤，330 万人无家可归。11 月 26 日，九江、瑞昌之间发生 5.7 级地震，共造成江西、湖北、安徽等省数百万人受灾，13 人死亡，伤病 8000 多人，倒塌房屋 1.8 万多间，损坏房屋 16 万间，紧急转移安置 60 万人，避险群众近 300 万人。

2006 年，5 月 27 日，印度尼西亚发生 6.4 级地震，遇难人数超过 5000 人。

2008 年，5 月 12 日，四川省汶川县发生里氏 8.0 级地震，造成 69227 人遇难，374643 人受伤，17923 人失踪。

2010 年，4 月 14 日，青海省玉树藏族自治州玉树市（北纬33.1，东经96.7）发生 7.1 级地震，此后又发上上百次余震，共造成 2220 人遇难，70 人失踪。

2011 年 10 月 23 日，土耳其东部凡城省发生里氏 7.2 级地震，震中位于和伊朗接壤的凡省塔巴利村，造成 550 人死亡、1650 余人受伤。

2012 年，9 月 7 日，云南省昭通市彝良县、贵州省毕节市威宁彝族回族苗族自治县交界（北纬27.5度，东经104.0度）发生 5.7 级地震，受灾人口 18.3 万户，74.4 万人，因灾死亡 81 人，受伤 821 人，需紧急转移安置人口 20.1 万人。

由此可见，大规模地震灾害对人们的生产和生活的影响越来越大。面对不断发生的大规模地震灾害，人们仍有不少的困难和挑战，因此如何有效应对大规模地震灾害已经变得越来越重要。由于中国的社会体制决定了中国有集中力量办大事的组织优势，近年来在对大规模地震后应急物资需求管理方面取得了很大的进步，积累了丰富的经验。但是，每一次大规模地震灾害后总有新的问题产生，甚至某些旧的问题尚未得到解决。而管理实践中出现的问题需要通过科学的方法进行深入的研究并进行改进，这就给专家学者提供了研究方向。

1.2 问题提出

中国位于两大地震带之间，地理位置的原因使得地震发生的频率较高，强度大且分布范围较广，由此可知中国是一个受地震灾害影响较大的国家。大规模地震灾害的频繁发生给国家和人民造成了巨大的经济损失和人员伤亡。随着科学技术的进步，我国的应急事件管理体系也在不断地完善，在实际应对过程中能力不断地提升，然而与发达国家相比仍存在很多需要学习和改进的地方并且大规模地震灾害在如今还不能有效的预测，因此对于灾后救援工作的合理安排显得尤为重要。在救援初期，由于地震灾害往往造成道路毁坏，通信中断等不利状况，如何在有限时间有限资源的情况下救助更多灾民，保障救援工作的顺利开展是至关重要的。而这其中最重要的一点就是应急救援物资的预测。救援物资千千万万，不仅要保证伤病员的安全，还要保证一般灾民和救助人员的日常所需；不仅要有救援器械进行辅助救援，还要防止二次灾害发生对救援人员的安全形成威胁。因此需要对救援物资进行分类，并分别预测每天的需求量，从而可以有效、持续的保障救援。那么面对复杂需求，如何在保证可有效预测的前提下对众多救援物资进行分类，以什么样的标准进行分类，是急需研究的问题。

在以一定标准对救援物资进行分类后，需要选择方法预测救援物资的需求量，那么选择什么样的模型进行预测，在大规模地震灾害中，药品种类和数量的需求往往很难确定，药品时常不能准确、足量的供给，经常出现部分种类药品供应过多，部分种类药品供应不足的尴尬情况。同时，灾区附近的药品应急储备不足以满足大规模地震灾害过程中所有伤病员的需求，在药品类救援物资需求预测时，伤病员的受伤情况不同，药品的种类和数量如何确定？同时，随着救援队伍的进入以及灾民不断被发现，生活类救援物资在不断地增加，如何才能有效地预测每天灾区所需生活类救援物资的数量？此外，大规模地震发生之后，地震的强度和烈度不同，不同地区的地形、房屋结构，受灾面积不同，所需要的专业应急救援器械也会有所差别。因此，大规模地震之后专用救援器械类应急救援物资的需求受到地震的震级、地震持续时间、地震发生地区的人口密度以及当地建筑物的抗震等级等因素的影响。那么选用什么预测模型能够有效地预测所用器械类救援物资的数量？以上分析给我们提供了需要思考和研究的问题。

1.3 研究目的

突发性自然灾害发生之后，受灾地区必然会派生出数量巨大、种类颇多的应急物资需求，而应急物资的需求具有多面性，譬如突发性、紧迫性、随机性、事后选择性甚至社会公益性等特点。各种特点使得应急物资需求存在四难：预测难、采购难、调配难、运输难。若想要最大限度地减少灾区人员伤亡和财产损失，就必须在灾害发生后最短的时间内查看灾情，评估灾害损失，搞清灾害的危害，并预估到次生灾害，预测受灾地区应急物资的需求情况，为物流运输和救灾物资调配提供指导意见，按照应急预案开展的救援工作，以最大限度减少灾害带来的损失。通过对救灾物资进行分类，可以明确将急需类型的物资分批次、分类型进行优先送达，从而最大限度地保证前期救援需求。大规模地震灾害应急救援物资大致可以分为三类：药品类救援物资、生活类救援物资、器械类救援物资。将物资进行分类目的是因为救援物资的需求多种多样，既要供给对伤病员紧急救治的药品，又要保障灾民的日常生活所需。同时各个类型的救援物资呈现出不同的特征，因此通过对救援物资需求类型特征进行系统的分析，运用不同的灰色建模技术，选择合适的预测模型可以最大程度保证预测的准确度。为大规模地震灾害应急救援物资的调配提供参考，最大程度的利用有限资源，保障灾民和救援人员的生活所需，提高应急救援的救助效果。

1.4 研究意义

1.4.1 理论意义

本书采用新陈代谢灰色 Verhulst 模型、GM（1，1）模型、灰色关联模型分别对大规模地震之后的各类应急救援物资需求进行预测，将灰色系统的理论研究拓展到了一个新的应用领域是对灰色预测理论的推广。应急救援物资需求预测是应急物流管理研究领域的一个重要分支，本书借用灰色建模技术对大规模地震灾害应急救援物资的需求进行科学预测，是对应急救援物流管理理论的丰富与发展。其研究具有较强的理论意义。

1.4.2 实践意义

我国是一个地震灾害频发的国家，灾害造成巨大的人员伤亡和财产损失。因为应急物资供需不平衡、灾区信息无法及时获取，当爆发大规模突发事件后，决策者如果能够化被动为主动，在短期内整合灾区资讯、预测灾区应急资源需求，将有助于迅速、有效地分配应急资源，最大限度地发挥已有资源的使用效益，从而避免物资配送不及时、供需失衡等现象，对减轻灾害的影响具有重要意义。为此，引入灰色系统的新预测方法来进行深入研究来构建一套新的能够对大规模地震实施快速、高效、准确救援的新机制。应急物流管理是近几年来备受关注的研究热点，对于提高政府的应急管理能力具有重大意义。因此，本书具有重要的现实意义。

1.5 研究内容

本书整体主要围绕如何运用灰色建模技术对大规模地震灾害应急救援物资需求进行预测展开，行文逻辑是：问题提出—文献研究—救援物资需求分析—物资分类—模型选择与构建—物资需求预测—管理机制研究。具体研究内容如下。

第 1 章，研究背景及问题提出。主要阐述本书地研究背景，根据现实中大规模地震灾害情况确定研究问题、研究意义和研究目的。介绍全书的研究内容和所用方法，并指出研究的创新点。

第 2 章，国内外文献梳理与综合评述。分别从救援物资研究、救援物资需求预测研究、灰色 Verhulst 预测模型、灰色 GM（1，1）预测模型和灰色关联模型等角度对国内外研究进行总结，并指出现有研究的不足。

第3章，大规模地震灾害救援系统分析。通过对大规模地震灾害的定义、特性及现状进行分析，明确灾害救援中的主要问题。

第4章，救援物资需求分析。通过对救援物资需求特性进行分析，将救援物资分为三类：药品类、生活类及器械类。并且分析救援物资的特点及其需求规律，为选择合适的灰色建模技术预测救援物资需求量做准备。

第5章，药品类救援物资需求预测研究。根据伤病员人数与药品需求量之间的线性关系，以及大规模地震灾害中伤病员人数统计数据是呈现出的饱和"S"形规律，运用灰色 Verhulst 模型对大规模地震灾害中伤病员人数进行预测，然后通过伤病员人数与药品需求量之间的线性关系，间接对药品需求的种类和数量进行预测。并对比分析经典灰色 Verhulst 模型，灰色离散 Verhulst 模型，灰色区间 Verhulst 模型，灰色区间离散 Verhulst 模型等四种模型的区别，分别从时点序列和连续区间序列两个角度对伤病员人数进行预测，并比较预测结果。

第6章，生活类救援物资需求预测研究。根据生活用品类应急救援物资的需求呈现出的阶段性变化的特点。采用新陈代谢 GM（1，1）模型对大规模地震生活用品类应急救援物资进行预测。在原始数据序列中分阶段抽取部分数据来建模，并且在抽取数据的过程中不断的淘汰旧数据，加入新数据，这样即可将不同阶段的不同情况、不同条件反映在模型中。对比分析经典灰色 GM（1，1）模型，新陈代谢 GM（1，1）模型，灰色离散 GM（1，1）模型，新陈代谢离散 GM（1，1）等模型的区别并做实例分析，最终对大规模地震灾害生活类救援物资需求进行预测。

第7章，器械类救援物资需求预测研究。通过灰色关联模型建立了不同地震同目标地震的关联度，寻找与目标地震在这些差别因素上最为相似的地震，从而根据已发生地震的专用救援器械类应急救援物资的需求来预测目标地震的专用救援器械类应急救援物资的需求情况。灰色关联模型将影响专业救援器械选择的地震的震级、地震持续时间、地震发生地区的人口密度以及当地建筑物的抗震等级因素都考虑进了模型的计算中，更贴合了专业救援器械需求的实际情况。

第8章，救援物资管理机制研究。对大规模地震灾害的采购机制、存储机制、调拨机制、运输机制及回收机制进行分析。

第 9 章，总结及研究展望。对全书进行总结，得出研究结论并展望未来研究方向。

1.6　研究方法

本书通过对灰色建模技术的研究，构建大规模地震灾害应急救援药品需求预测模型，主要用到三种方法：灰色 Verhulst 模型预测方法、灰色 GM（1，1）模型预测方法、灰色关联模型方法。

第一，灰色 Verhulst 模型预测方法。在大规模应急救援的初始阶段，大量的受伤人员以及被困人员都需要被治疗，从而对药品类应急救援物资的需求就会迅速增长。随着应急救援行动的深入，部分伤员会逐渐康复，此外，还有部分重伤患者会被分流送往未受灾地区接受治疗，此时对药品类应急救援物资的需求会达到一个相对稳定的水平，即大规模地震急救援阶段对药品类应急救援物资的需求变化曲线呈现饱和的 S 形。1837 年，德国的生物学家 Verhulst 推导和研究用非线性微分方程来描述和模拟生物种群的增长，即 Verhulst 模型。该模型主要用来刻画一个动态发展的过程，过程在初期的发展主要变现为以指数快速增长，随着时间的推进，不断受到外在因素的干扰，增长速度呈下降趋势，最后阶段逐渐形成一个稳定值。也就是说，该模型主要被用来描述呈 S 形的灰色动态变化过程。因此采用灰色 Verhulst 模型对大规模地震应急救援药品类应急救援物资的需求进行预测，可以很好地贴合其变化趋势对其进行预测。应针对连续变化的饱和 S 形特征的数据，构建灰色 Verhulst 模型对其进行预测。而在预测模型的构建中，对比分析经典灰色 Verhulst 模型，灰色离散 Verhulst 模型，灰色区间 Verhulst 模型，灰色区间离散 Verhulst 模型等 4 种模型的区别，分别从时点序列和连续区间序列两个角度对伤病员人数进行预测，并比较预测结果。

第二，灰色 GM（1，1）模型预测方法。大规模地震灾害发生后在大规模应急救援的过程中，在初始阶段生活用品类应急救援物资主要的供给对象主要是未被掩埋的幸存者，对于他们来讲，急需得到应急救援物资来维持生命。但是随着救援时间的推进，不断地有被困的灾民和受伤群众被发现，此时，应急救援物资不但要满足他们维持生命的需要，还要注重应急救援物资的质量、结构等。也就是说，生活用品类应急救援物资的需求呈现出阶段性变化的特点。在实际的新陈代谢 GM（1，1）建模过程中，在原始数据序列中分阶段抽取部分数据来建模，并且在抽取数据的过程中不断的淘汰旧数据，加入新数据，这样就可将不同阶段的不同情况、不同条件反映在模型中。因此采用新陈代谢 GM（1，1）模型对大规模地震生活用品类应急救援物资进行预测。

第三，灰色关联模型。大规模地震发生之后，地震的强度和烈度不同，不同地区的地形、房屋结构、受灾面积不同，所需要的专业应急救援器械也会有所差别。因此，大规模地震之后专用救援器械类应急救援物资的需求受到地震的震级、地震持续时间、地震发生地区的人口密度以及当地建筑物的抗震等级等因素的影响。灰色关联模型即建立了不同地震同目标地震的关联度，寻找与目标地震在这些差别因素上最为相似的地震，从而根据已发生地震的专用救援器械类应急救援物资的需求来预测目标地震的专用救援器械类应急救援物资的需求情况。灰色关联模型将影响专业救援器械选择的地震的震级、地震持续时间、地震发生地区的人口密度以及当地建筑物的抗震等级因素都考虑进了模型的计算中，更贴合了专业救援器械需求的实际情况。

1.7 主要创新

本书主要有以下几个创新点。

第一，对大规模地震灾害应急救援物资进行分类。大规模地震发生后，在极短的时间内需求大量的、种类繁多的应急救援物资，为方便物资的需求预测、分级、筹集、配送等一系列的救灾工作，本书结合各种应急物资的性质、特点与物资之间的种属关系，按照大规模地震发生后不同应急救援物资需求的变化特点，将应急救援物资分为药品类、生活用品类、专用救援器械类 3 大类。

第二，预测模型的选择与构建。在药品类救援物资预测模型筛选中，根据伤病员与药品需求之间的线性关系以及伤病员人数呈现出的饱和 S 形规律，选择灰色 Verhulst 模型对药品类救援物资需求进行预测并且比较分析经典灰色 Verhulst 模型，灰色离散 Verhulst 模型，灰色区间 Verhulst 模型，灰色区间离散 Verhulst 模型等 4 种模型的区别，分别从时点序列和连续区间序列 2 个角度对伤病员人数进行预测并且比较预测结果。在生活类救援物资预测模型筛选中，根据灾民人数不断变化的特点，采用新陈代谢 GM（1，1）预测模型进行需求预测。同时比较分析经典灰色 GM（1，1）模型，新陈代谢 GM（1，1）模型，灰色离散 GM（1，1）模型，新陈代谢离散 GM（1，1）等模型的区别并做实例分析，最终对大规模地震灾害生活类救援物资需求进行预测。在器械类救援物资需求预测模型筛选中，根据地震灾害发生的现实条件的不同，采用灰色关联模型进行需求预测分析。

第三，模型的拓展。在药品类需求预测中，根据伤病员人数的特点，将时点型数据拓展到区间型数据研究，并构建灰色区间 Verhulst 模型，灰色区间离散 Verhulst 模型，从预测结果可以看出，灰色区间离散 Verhulst 预测模型的预测精度更高，更加适合对大规模地震灾害中的伤病员人数进行预测，从而间接、准确地对药品类物资需求进行预测。

第四，将灰色建模技术应用到大规模地震灾害应急救援物资需求预测中。大规模地震灾害的发生往往具有突发性，在灾后短时间内可得到的信息较少，因此对救援物资进行预测较为困难。灰色系统理论主要研究的就是"外延明确，内涵不明确"的"小样本、贫信息"问题。因此运用灰色建模技术对救援物资需求进行预测能取得良好的结果。本书通过对救援物资分类并分析其需求特点，选用合适的灰色预测模型和灰色关联模型对物资需求进行预测，具有十分重要的意义。

第 2 章

国内外研究现状与评述

本书通过系统查阅梳理国内外相关文献资料，并根据本书研究内容，国内外研究成果梳理主要从以下几个方面展开：应急救援体系研究；应急救援物资需求预测研究；灰色 Verhulst 预测模型及其应用研究；灰色 GM（1，1）预测模型及其应用研究；灰色关联模型及其应用研究等。

2.1 国外研究现状

关于应急救援体系研究，道格拉斯（Douglas，1997）指出灾难救援是一个高度专业化的、非常规的物流形式，任何显著程度的特异性都是不可预期的。塔菲奇和沃勒姆（Tufekci and Wallam，1998）指出成功的应急管理需要更好地理解事件潜在的灾难性的后果，全面、整体的管理事件以及技术的有效使用。乔莫里埃等（Chomolier et al. 2003）认为要提高供应链管理水平可以在人类资源、知识管理和财务 3 个方面进行改进。为了进一步提高供应的水平链防范和应对时间，红十字会与红新月会国际联合会与弗里茨研究所合作过程中已经实现端到端的人道物流计划和跟踪系统，其中包括一次自动化和标准化的 6000 项目目录。这些改进将会使得物流、金融、信息技术、捐赠者报告等方面在灾害救援的过程中具有更大的合作空间。瓦森霍夫（Wassenhove，2005）和托马西尼、瓦森霍夫（Tomasini、

Wassenhove，2009）指出最有效的人道主义救灾供应链管理，应该能够尽可能在很短的时间内应对多种干预措施。布莱肯和海林格拉斯（Blecken and Hellingrath，2008）认为大规模灾害事件的不可预测性使人道主义物流成为灾害救援行动一个重要方面，而成本、时间和质量是衡量其优劣的一个主要标准。默特和阿迪瓦尔（Mert and Adivar，2010）认为在救灾链中不同救灾者之间关系的复杂性和动态性决定了救灾决策的不确定性。比如在相同的时间内既想使得成本最小化，又要使受灾地区的满意度最大化。同时缺乏数据信息，因为需求、供给和成本等信息在救灾初始阶段都是不明确的。在应急物资方面，比蒙（Beamon，2004）认为在应急救援过程中人道主义物流具有几下几个特点：时间、地理位置、商品类型、商品数量需求等具有不可预测性；短暂的交货时间和大量的各种各样产品和服务需求的突然性；物资、人力资源、技术、救援能力和资金等初始资源的缺乏；基础物流和安全设施保障的缺乏。罗素和蒂莫西（Russell and Timo-thy，2005）认为任何国际紧急救援任务的核心都是建立和管理从捐赠者到受灾地区的应急救援物资供应链。该供应链旨在通过增加供应管道吞吐量、灵活性和速度来拯救生命，目标是在使应急救援物资供应链成本最小化和震后重建过程中能够持续迅速应对应急救援物资数量和类型需求的变化。亚米那斯（Arminas，2005）则指出在应急物流中救援物资需求在时间、地点、种类和规模等方面都不可能精确预测的。黑尔和莫伯格（Hale and Moberg，2005）认为提高防灾水平对灾害供应链是至关重要的。在危机时期需要的应急物资、设备和重要文件管理的存储是灾难应急供应链管理的一个重要方面。作者利用供应链五阶段灾害管理过程作为安全存储地点决策过程的框架并建立了定量模型。易维和库马尔（Yi and Kumar，2007）认为物资预先定位在消费地点及其附近是一个减少交货时间和运营成本的重要物流策略措施。巴尔契克和比蒙（Balcik and Beamon，2008）将救灾供应链的目标定义为以食物、水、药品、避难所等救灾物资形式向受灾地区提供的人道主义援助。哈冈尼和欧河（Haghani and Oh，1996）、申玖炳（Sheu J. B.，2007）、候明等（Houming et al.，2008）认为在紧急救援物资分配上的努力主要集中在事件发生后的行动，他们的模型都是假

11

设灾害特点、救灾物资需求、地点、救灾物资的可用数量和交通运输条件是已知的。

关于应急救援物资需求预测研究，哈冈尼和欧河（Haghani and Oh，1996）研究了应急状态下的物资调配问题并提出 2 种启发式算法对构建的模型进行求解。菲德里希等（Fiedrich et al.，2000）研究了如何有效地将应急救援物资分配到多个受灾点的问题，使得在地震灾害中由于医疗物资缺乏而导致的死亡人数降到最少。贾洪钟等（Jia H. Z. et al.，2007）研究了在大规模突发事件中如何确定医疗物资设施的位置以及如何通过处于不同地点的综合服务设施为需求点提供物资，从而解决医疗物资供应不足的问题。申玖炳（Sheu J. B.，2007）研究了如何计算时变的应急物资需求以及灾区分类，并指出应对突发事件快速反应的关键是应急物资的高效分配这一说法。埃尔贡等（Ergun et al.，2007）研究指出大规模突发事件的不同阶段对物资有不同的需求模式，对于应急物资的调配要以使灾区满意度最大化为目标。胡志华等（Hu Z. H. et al.，2010）考虑到地震灾害发生后存在的大量不确定性、不完备性、随机性和模糊性，受到免疫系统处理病原体和耐受机制对冻励反应的启发，提出采用基于免疫耐受模型的应急物资需求预测方法。申玖炳（Sheu J. B.，2010）针对大规模自然灾害中信息不完全条件下的应急物流作业，提出了一种动态赈灾需求管理模型。该方法包括三个步骤：数据融合预测多区域赈灾需求；模糊聚类将灾区划分成组；多准则决策对组优先级排序。徐晓燕等（Xu X. Y.，2010）指出由于自然灾害后商品需求的时间序列往往具有很大的非线性和不规则性，应用传统的统计计量模型如线性回归、自回归移动平均等预测性能较差。对这种数据尝试将经验模式分解（EMD）和自回归积分移动平均（ARIMA）结合起来进行混合预测。然后将 EMD – ARIMA 预测方法应用于 2008 年中国冬季风暴后的农产品需求预测。预测结果表明此方法能够提高经典 ARIMA 方法预测自然灾害后商品需求的精度。穆罕默迪等（Mohammadi et al.，2014）提出了一种同时确定径向基函数神经网络结构（输入变量和隐层神经元）和网络参数（中心、宽度和权重）的混合进化算法。并对伊朗东阿塞拜疆 2012 年地震后的应急物资需求进行了预测。结果表明基于进化

RBF 的应急需求时间序列预测方法能够较好地利用自动选择的节点和输入对应急需求时间序列进行预测。博佐吉阿米里等（Bozorgi-Amiri et al.，2013）提出一个改进的鲁棒优化模型来解决需求、供给和成本所固有的不确定性。该模型把救灾物流定义为一个多目标的、随机混合非线性整数规划问题。

关于灰色 Verhulst 预测模型及其应用研究，刘思峰（Liu S. F.，1995）研究提出了在白化权函数未知条件下区间灰数核的一种计算方法。党耀国（Dang Y. G.，2004）提出了以 $x^{(1)}(n)$ 为初始条件的灰色 Verhulst 预测模型，从而将新信息添加到了模型中，取得了较好的预测效果。对于灰数的研究，刘思峰（Liu S. F.，2004）利用灰数的信息背景来定义灰数的灰度，给出了一种灰数的公理化定义。李桥兴和刘思峰（Li Q. X. and Liu S. F.，2007）对连续型、离散型和混合型的灰数运算规则进行了研究。王正新等（Wang Z. X. et al.，2007）建立了一种新型的灰色 Verhulst 模型。林进财等（Lin C. T. et al.，2007）对灰色 Verhulst 模型和 GM（1，1）模型进行了比较分析。曾波等（Zeng B. et al.，2010）提出了灰数带和灰数层的概念，并对灰数预测模型进行了研究。卡亚坎等（Kayacan et al.，2010）研究提出一种对灰色 Verhulst 模型模拟的残差进行修正的方法，并用其来预测欧元对美元汇率走势，得到了较好的预测效果。

关于灰色 GM（1，1）预测模型及其应用研究，李娟（Li J.，2012）提出了一种改进的灰色模型，可以通过修正 GM（1，1）模型的指数来实现。最后分别采用改进模型和一般方法预测景德镇 2003～2010 年的旅游收入。结果表明改进后的模型可以提高预测精度，获得更好的预测结果。陈春和黄守（Chen C. and Huang S. J.，2013）展示科学有效的程序来解决 GM（1，1）预测模型的奇异现象与实际案例，并展示其在预测台风 MORAKOT 运动路径中的应用。刘晓云等（Liu X. Y. et al.，2014）研究开发了 GM（1，1）模型问题的优化模型，其中包括初始值和背景值的优化。为了减少由背景值引起的误差，遵循"先前使用的新信息"原理并且在背景的解释中掺杂线性函数。数值算例验证了短期预测的模拟和预测精度显著提高。刘思峰等（Liu S F et al.，2015）提出了 GM（1，1）的四种基本模型，即均匀灰色模型、原始差分灰色模型、均匀差分灰色模型和离散灰色模型的定义。研究了4种模型的性质和特点并证明了它们的等价性。王正新（Wang Z. X. et al.，2018）为准确预测主要经济部门用电量的季节性波动提出了基于季节性因素产生的累积算子的季节性灰色 GM（1，1）模型。并基于 2010 ~ 2016 年中国第一产业的季节性用电量数据进行实证分析。

关于灰色关联模型及其应用研究，吴旺怡和陈守佩（Wu W. Y. and Chen S. P.，2005）提出了一种利用灰色模型 GM（1，n）结合改进灰色关联分析的综合预测方法。通过将卷积技术集成在 GM（1，n）模型中以建立灰色模型的精确解来获得的 GMC（1，n）模型极大地增强了后者的适用性。通过 GMC（1，n）结合灰色关联度预测台湾的互联网接入人口。龚昶元和文坤里（Kung C. Y. and Wen K. L.，2007）利用6项财务指标，通过全球化灰色关联分析将20项财务比率分类为研究变量，找出影响台湾风险投资企业财务绩效的重要财务比率变量和其他财务指标，应用灰色决策按顺序排列样本风险投资企业的总体绩效。郭毅友等（Kuo et al.，2008）提出了一种多属性决策方法灰色关联分析。通过数据包络分析分析了两个案例，即设施布局和调度规则选择问题，并使用 GRA 程序对其进行了分析，以说明 GRA 的使用。魏贵武（Wei G. W.，2010）建立了一个基于传统灰色关联分析（GRA）方法的基本理想的优化模型，通过该方法可以确定属性权重。然后基于传统的 GRA 方法，给出了求解具有不完全已知权重信息的直觉模糊多属性决策问题的计算步骤。计算每个替代方案与正理想解决方案和负理想解决方案之间的灰色关系程度。然后定义相对关系度以通过同时计算与正理想解和负理想解的灰度关系的程度来确定所有备选的排序顺序。最后给出了一个说明性的例子来验证所开发的方法并证明其实用性。魏贵武（Wei G. W.，2011）本书研究了动态混合多属性决策问题，其中决策者在不同时期提供的决策信息用实数、区间数或语言标签表示（语言标签可用三角模糊数描述）分别进行了调查。该方法首先利用三种不同的灰色关联分析（实值 GRA，区间值 GRA 和模糊值 GRA），根据表达的决策信息计算每个替代正负理想备选方案的个体灰色关联度。分别由每个决策者在每个时期提供的实数，区间数和语言标签，然后采用模糊隶属度和聚类的概念来聚合所有评估时期的灰色关联度。最后用例子验证所提方法并证明其实用性和有效性。魏贵武（Wei G. W.，2011）研究提出了一种基于灰色关联分析（GRA）建模的银行业信用风险分析新方法。结果表明在预测财务危机和财务健全的银行时，拟议的 GRA 模型表现出比传统银行更好的预测准确性。结果还表明在危机前一年设定的财务数据导致最佳准确性。它有助于建立银行金融危机预警模型。结果表明拟议的 GRA 为处理金融危机预警任务提供了一种新方法。魏贵武（Wei G. W.，2011）建立了一个基于传统灰色关联分析（GRA）方法的基本理想的优化模型，通过该方法可以确定属性权重。对于属性权重信息完全未知的特殊情况建立另一个优化模型。通过求解该模型得到一个简单而精确的公式，可用于确定属性权重。然后基于传统的 GRA 方法，给出了求解具有不完全已知权重信息的直觉模糊多属性决策问题的计算步骤。此外将上述结果扩展到区间值直觉模糊环境并且开发了具有不完全已知属性权重信息的区间直觉模糊多属性决策的改进 GRA 方法。最后给出了一个说明性的例子来验证所开发的方法并证明其实用性和有效性。张鑫等（Zhang X. et al.，2013）提出了灰色关联投影法结合灰色关联分析法和投影法，并通过与 PIS 的相对接近程度对其进行排序，该 PIS 结合了灰色关联投影值。最后给出了一个说明性的例子来验证所开发的方法并证明其实用性和有效性。王鹏等（Wang P. et al.，2013）提出了一种新的混合多属性决策方法，该方法采用实验设计（DoE）和灰色关联分析（GRA），称为 DoE‐GRA 方法来解决这类问题。比较结果表明 DoE‐GRA 方法的特点是对重量变化不敏感，计算简单且实用，适用于解决 MCDM 问题。李雪梅等（Li X. M. et al.，2015）提出了一种基于灰色关联分析累加序列的增强灰色聚类分析方法于指定面板数据中聚类的层次结构。整体聚类方法称为 Mean‐AGRA 聚类方法，包含三个主要部分：每个独立时间序列的一系列转换；对于三种特定类型的灰色关联度，对所有样本的每对样本的 AGRA 模型的灰色关联度进行适当的成对比较以及之后的适当组合；根据 AGRA 度对所有样本进行聚类。孙贵东等（Sun G. D. et al.，2017）首次将灰色关联分析应用于犹豫模糊集

（HFS）中，并定义 HFSs 灰色关联度来表示亲密度。此外创造性地提出了 HFS 的差异和斜率概念。基于差异和斜率定义 HFSs 斜率灰色关联度来表示线性方式。然后将 HFSs 灰色关联度和 HFSs 斜率灰色关联度相结合构造了 HFSs 合成灰色关联度，同时兼顾了接近度和线性度。在所提出的 HFSs 合成灰色关联度的帮助下提出了犹豫模糊灰色关联识别方法。最后应用 HFSs 合成灰色关联度来处理模式识别问题。林和林（Lin J. L. and Lin C. L.，2002）研究了一种基于正交阵列和灰色关联分析优化具有多种性能特征的放电加工过程（EDM）的新方法。从灰色关联分析获得的灰色关联等级用于解决具有多个性能特征的 EDM 过程。然后可以通过灰色关联等级确定最佳加工参数作为性能指标。实验结果表明通过这种方法可以有效地提高 EDM 工艺中的加工性能。赖欣熙等（Hsin-Hsi Lai et al.，2005）将灰色关联分析（GRA）模型用于检查产品形式元素和产品图像之间的关系从而确定给定产品图像的产品形式的最多元素。灰色预测模型，神经网络模型单独使用并与 GRA 模型结合使用以预测和建议最佳形式设计组合。约瑟夫和托马斯（Joseph and Thomas，2007）提出用灰色关联分析为制造企业选择材料。曾光明等（Zeng G. M. et al.，2007）基于层次分析法和灰色关联分析的应用，描述了一种创新的系统方法（即灰色层次关联分析）用于最佳选择废水处理方案。黄桦仁等（Huang S. J. et al.，2008）通过将遗传算法与灰色关联模型相结合来检验软件工作量估算模型的潜力。约瑟夫（Joseph，2008）提出使用灰色关联分析以根据材料级别的若干标准对产品 EOL 选项进行排名。李文正和林永川（Lee W. S. and Lin Y. C.，2011）应用灰色关联分析评估和评估建筑物的能源性能，对中国台湾地区 47 座办公楼的能源性能进行评估和排序以说明所提方法的有效性。哈姆扎·萨比和佩卡亚（Hamzaebi and Pekkaya，2011）研究将灰色关联分析用于订购一些金融公司的股票，这些股票在伊斯坦布尔证券交易所的金融部门指数中。林淑玲和吴顺杰（Lin S. L. and Wu S. J.，2011）研究提出了一种基于灰色关联分析建模的银行业信用风险分析新方法，并将其应用于 111 个样本的实际数据集。结果表明它有助于建立银行金融危机预警模型。波帕里等（Pophali et al.，2011）研究综合了层次分析法和灰色关联模型以优化选择制革废水处理厂技术。张士方和刘三洋（Zhang S. F. and Liu S. Y.，2011）提出了一种基于灰色关联分析的直觉模糊多准则群决策方法。利用直觉模糊加权平均算子将决策者的个人意见聚合成群体意见。最后给出了人员选择的数值例子来说明所提方法。姚层林（Yao C. L.，2012）通过使用灰色关联分析方法对企业进行分析评价。肖晓丛（Xiao X. C.，2012）利用灰色关联分析理论探索性研究寻找 Web 服务质量的主要因素。哈希米等（Hashemi et al.，2015）利用灰色关联分析法构建绿色供应商选择模型。拉杰什和拉维（Rajesh and Ravi，2015）考虑供应商应对中断和从中恢复的适应能力的弹性，运用灰色关联分析方法对供应商进行选择。童丽和佟力（Tripathy S. and Tripathy D. K.，2016）运用灰色关联分析和相似理想解相结合的方法评估粉末混合电火花加工工艺。

2.2　国内研究现状

关于应急救援体系研究，欧忠文、王会云、姜大立等人（2004）在世界上第一次提出"应急物流"的定义，并研究讨论了其形成的背景、含义以及进行相关研究的理论和现实价值，探讨了 4 种能够保证应急救援物资快捷、及时、迅速到达受灾地区的应急物流保障机制，最后建议经由成立相应的应急管理机构等措施来推进应急物流的实施。王旭坪等（2005）阐述了应急物流系统快速的反应能力以及开放、可扩展的特点并且分析了其快速反应机制的具体构成。李阳（2005）详细分析了美国和日本的救灾体系，指出目前我国的救灾体系管理水平有待提高、存储中心的布局有待改善、救援物资存储点较为分散且耗费成本较高、供应和需求不均衡。孟参和王长琼（2006）对应急物流系统的含义、目的以及特性进行了详细的分析和介绍并据此将该系统划分成 4 个不同的主体，然后介绍了其运作的流程以及如何管理应急救援物资采购、存储等流程。王丰等（2007）将应急物资定义为：如果发生了突发事件，救援者能够搜集的同类物资及其替代品。分别定义了广义的应急救援物资和狭义的应急救援物资。广义的应急救援物资涵盖防灾、救灾、恢复等阶段需求的各类应急保障物资；狭义的应急救援物资只包括灾害管理需求的各类应急保障物资。张旭凤（2007）介绍了目前已有的应急救援物资的分类标准，提出为了便于应急救援物资的采购、提高救援效率，应在划分应急救援物资种类的时候考虑不同物资在应急救援时需求重要程度并且据此建立了新的应急救援物资分类标准。将应急救援物资划分为 4 个新的类别并对不同类型的物资分别进行定位进而确定其采购策略。赵艳（2008）阐明了应急物流系统构建的必然性，指出了构建应急物流系统应当遵循的 4 个准则并且介绍了构建应急物流系统的方法。乔洪波等（2009）针对应急物资分类现状提出了改进的分类方法并且构建了基于需求满足率的应急物资储备点需求量计算模型。应急救援物资分类研究：在应急物资的分类体系研究方面，国内学者王铁宁、徐刚（2004）提出了制定应急物资保障计划的流程，构建了应急物资保障计划制定的数学模型并且应用运筹学的方法对其进行了优化。该模型可为制定应急物资保障计划提供高效、便捷、准确的途径。中国地震应急搜救中心保障部的李磊（2006）根据救援工作需求，将救援物资分为救援设备、食品、日用品、临时住所、交通通信设备几类。国内学者郭瑞鹏（2006）提出基于模糊推理的应急物资需求分级方法并且建立了需求分级模糊推理模型。在需求分级研究中研究了影响物资需求级别的因素，包括重要性程度、缺口度和时效性三个方面，得到物资的需求级别。并采用案例推理的方法对物资需求量进行了预测，提出应急物资的需求包括质量需求、数量需求和结构需求三个方面，通过应急物资需求案例进行模糊化处理和案例贴近度计算，对物资数量进行了预测。孟参、王长琼（2006）通过借鉴库存管理方法，以供应复杂性和物资重要性 2 个维度将应急物资分成重要物资、关键物资、普通物资、瓶颈物资 4 类并且建立了评价指标体系，确定了物资成本、供应难易度、重要度和物资质量 4 个一级评价指标。最后综合运用采用灰色预测和神经网络的方法对煤炭行业应急物资需求做了预测。国家发改委制定了《应急保障物资分类及产品目录》，把应急保障物资分成防护用品、生命救助、生命支持、救援运载、临时住宿、污染清理、动力燃料、工程设备、工程材料、器材工具、照明设备、通信广播、交通工具等多类。国内学者张凤旭（2007）在现有分类体系基础上，根据应急救援物资采购优先级别顺序将应急物资重新分为生命救助物资、工程保障物资、工程建设物资、灾后建设物资 4 类并且结合物品采购定价模型确定不同类别应急物资的采购方案。

关于应急救援物资需求预测研究，程家喻等（1993）研究提出地震灾害人员伤亡率与房屋倒塌率之间的回归方程，用于灾害前伤亡人数的预测以及灾害后对伤亡人数的快速粗估。赵振东等（1998）研究提出了地震灾区人员伤亡指数和初始阶段人员伤亡指数的状态函数并且对伤亡人数进行了预测。赵振东等（1999）研究构建了地震灾区人员伤亡评估模型并将其应用在唐山大地震实例预测中。聂高众等（2001）通过对《综合自然灾害信息共享》信息网提供的地震资料进行分析和研究，设计了一种灾区救援需求预测框架，从而快速预测出灾区的需求。王楠等（2006）选取与救灾物资数量相关性大的 4 个因素建立了救援物资的回归模型并给出相关的变量数据，可通过多项式计算得到相应的物资需求量。刘悼等（2006）在前人研究的基础上建立了地震中报道的死亡人数与实际死亡人数之间的关系并在实例应用中取得了很好的效果。杨杰英等（2007）主要研究了大规模地震灾害后地震的 3 个要素同地震中伤亡人数的关系。傅志妍等（2009）用归一化处理后的欧氏距离匹配最佳相似案例，在对目标案例的实际情况进行分析后确定关键因素，建立了案例推理—关键因素预测模型并进行了物资需求的相关预测。廖振良等（2009）研究提出案例推理法对应急物资需求进行预测。宋晓宇等（2010）通过对 GM（1，1）特性的分析，对原始数据序列处理后构建优化模型实现对应急灾害物资需求的预测。孙燕娜等（2010）研究提出了一个最小实际需求量与地震灾害多因素相关的函数，描述了应急物资需求概念模型。郭金芬等（2011）通过构建三层 BP 神经网络模型对地震灾害发生后伤亡人数进行了预测，然后运用安全库存管理理论估算灾区应急物资的需求量并在实例中检验了其合理性。方智阳等（2011）运用 BP 神经网络模型对地震发生后的数据进行推演并分别对灾后的伤病员人数和救援物资需求量进行了预测。吴斯亮（2012）在其硕士毕业论文中通过欧式距离判定出相似案例集并作为样本数据，然后将时间序列预测与递归神经网络预测相结合形成了基于递归神经网络的时间序列预测方法并通过汶川地震实例进行了验证。赵一兵等（2013）提出先用支持向量机回归算法对地震人员伤亡进行预测，继而结合库存管理模型对应急物资进行估算的方法。张军等（2014）以灰色理论为基础，构建实数列的灰色 Verhulst 预测模型，预测地震灾害救援初期的伤病员人数变化情况，结合地震灾害救援伤病员人数与紧急救援药品需求间的关系，实现对地震灾害应急救援药品需求量预测。

关于灰色 Verhulst 预测模型及其应用研究，黄建（1992）提出了 Verhulst 模型的简捷计算程序。向跃霖（1997）提出了 Verhulst 灰色派生模型并对万元产值中的废水量进行了预测。何文章等（2006）研究在以模拟误差最小目标下，将灰色 Verhulst 模型中的参数估计问题转换为线性规划问题，从而运用线性规划方法对其参数进行估计。李军亮等（2010）研究了非等间隔 GM（1，1）幂模型，并对其进行了求解。王正新等（2010）以白化微分方程为基础，研究推导得到一种新的 Verhulst 模型定义式，该方法使得差分方程中的参数与其在微分方程中对应参数具有更好的一致性。陈露等（2010）通过对灰色 Verhulst 模型拟合精度的分析，得出模型精度的高低与初值选取有重要关系的结论并通过确定初值中的待定常数，提出了一种基于初值修正的灰色 Verhulst 模型。沈春光等（2011）研究提出了以 $x^{(1)}(1)$ 和 $x^{(1)}(n)$ 为初始条件的无偏灰色 Verhulst 优化模型，使得原始序列的一阶累加生成序列与其模拟值的误差平方和最小。崔杰等（2013）通过对灰色 Verhulst 模型建模参数的研究得出：经数乘变换可以降低原始数据的量级，却不会改变灰色 Verhulst 模型的建模精度的结论。郭晓君等（2014）在传统灰色 Verhulst 模型及动力系统自忆性原理的基础上，构建了一类改进的灰色 Verhulst 自忆性模型，新模型能够充分体现饱和"S"形的随机波动特征，具有理想的拟合预测效果。灰色区间灰数预测模型研究：最早由邓聚龙教授提出，众多学者对其进行了补充拓展。程志斌（1984）提出了区间灰数的递推残差辨识预测模型。王清印（1992）研究了区间型灰数矩阵的定义及运算，为进一步研究灰色预测提供了一种数学工具。在此期间，众多学者讨论了区间灰数在电力负荷、综合事故率、地震预报等中的应用；宋中民（2002）针对摆动幅度较大并且整体趋势为增长序列的预测问题，提出了选用不同阈值对原始数据进行分组，继而对分组序列分别建立非等时距灰色预测模型的方法。方志耕等人（2005）针对区间灰数的表征和运算过程中存在的问题，定义了标准区间灰数的概念并研究了标准区间灰数之间的关系，有效地解决了区间灰数代数运算的问题。曾波等（2010）通过计算灰数层的面积以及灰数层中位线中点的坐标，提出了一种基于灰数带和灰数层的区间灰数预测模型，将区间灰数序列转换成实数序列。曾波（2011）研究提出了基于核和灰度的区间灰数预测模型，在不破坏区间灰数独立性和完整性的前提下实现了区间灰数预测模型的构建。曾波（2011）对以离散灰数为建模对象的灰色预测模型进行了有效的研究，提出了基于核和面积的离散灰数预测模型，丰富了灰色预测模型的理论体系。杨德岭等（2013）针对传统 Verhulst 模型的建模对象仅局限于实数序列这一缺陷，研究提出将区间灰数转换为核和信息域序列，从而组合构建了区间灰数 Verhulst 模型。刘解放（2013）等在灰数"核"与"灰度"的基础上，研究提出"灰半径"的概念并且建立了基于核和灰半径的连续区间灰数预测模型。罗党等（2014）研究提出了基于核和测度的区间灰数预测模型并且应用于黄河内蒙古自治区段巴彦高勒站冰期日均流量预测，取得了较好的模拟效果。王海城、徐进军（2016）针对经典 Verhulst 模型背景值建模机理的不严密和初始值设定的不科学性，给出了灰导数改进模型以及模型参数的最优估计式。采用原始数据一次累加与其拟合值的残差平方和最小作为约束准则，推导出虚拟初始值的计算公式，建立了无须设定初始值约束的优化模型并且以南水北调工程沉降监测实例验证了模型预测精度，为沉降监测中长期预报建模提供了合理的解决方案。李昂等（2017）对常规新陈代谢 Verhulst 模型加以改进，构建动态新陈代谢 Verhulst 模型，对邻近铁路基坑变形进行预测。研究结果表明，动态新陈代谢 Verhulst 模型的预测精度更高。随着新信息的引入和旧信息的剔除，预测更加接近最新变化趋势。动态新陈代谢 Verhulst 模型为此类基坑的变形预测提供方法。洪雪倩等（2018）提出了基于小波函数去噪的灰色 Verhulst 模型预测的方法并且阐述了高铁路基沉降预测评价方法。结果表明小波去噪灰色 Verhulst 模型符合高铁路基沉降规律，预测精度高，可以广泛用于路基沉降预测。邱红胜等（2018）对软土路基的沉降预测进行了研究。根据实际工程中所测得的沉降数据，利用 python 编程语言的科学计算库，建立了非等时距灰色 Verhulst 模型。结果表明：经 SA 算法优化后的模型能更好地反映软土路基的沉降规律，可较好地应用于软土路基的沉降预测研究中。朱沙（2018）采用灰色 Verhulst 模型理论，得到该断面路基工后沉降预测数学表达式并且对该断面在某一时间后的稳定性及沉降速率作出预测。贺政纲，黄娟（2018）为提高灰色 Verhulst 模型的预测精度，采用粒子群算法对灰色 Verhulst 模型的参数值进行优化，利用滑动窗对原始数据序列进行动态更新，使用 Fourier 序列修正模型的误差，提出 FPSO 灰色 Verhulst 模型预测铁路货运量的方法。

关于灰色 GM（1，1）预测模型及其应用研究，王正新等（2008）基于灰色微分方程向白色微分方程跳跃存在的误差问题，用非齐次指数函数的积分来代替灰色微分方程中的一阶累加生成序列，大大减小了转换误差，提高了建模精度。骆公志（2008）根据模拟数据序列不一定通过初始条件，提出了在初始条件 $x^{(1)}(n)$ 基础上增加扰动因子，利用求导的方法得到扰动因子的具体表达式，使得新得到的模拟数据序列更接近原始数据序列。陈鹏宇（2009）从灰色微分方程的角度出发，利用递推法求得参数的具体表达式，然后将带入到原模型中即可得到背景值公式。刘威等（2009）针对利用最小二乘法来估计灰色模型的参数时，稳健性较差的特点提出了利用最小二乘法则来建立目标函数，然后利用粒子群优化算法来求得模型的参数。曾祥艳（2009）针对如何有效地减小灰色 GM（1，1）模型的病态性问题，提出了对灰色微分方程两边进行累积，累积的次数不超过未知数的个数的方法来替代传统的最小二乘估计法。李玻（2009）从灰色 GM（1，1）模型的灰导数出发，利用一阶累加序列的向前差商和向后差商的加权平均值来代替白化微分方程的导数，推导出了参数的具体表达式并且证明了该模型具有白指数律重合性。徐华锋（2010）针对 GM（1，1）模型灰色作用量处理不当的问题，建立了新的 GM（1，1）模型，并参照 GM（1，1）的建模过程求出了模型的参数和预测公式。徐华锋（2011）利用递推的方法求得原始数据序列的表达式，然后利用导数的定

义将离散形式的灰色微分方程连续化得到新的白化微分方程。刘苗等
（2011）利用齐次指数函数代替灰微分方程中的一阶累加序列，得到原始
数据的模拟值和预测值。然后以预测差值为新的原始数据序列。利用新序
列组建新模型，得到预测序列。最后将 2 次的预测结果相加即可得到较理
想的预测结果。吴正鹏（2011）分析和研究了离散灰色 GM（1，1）模型
的病态性，证明了改变原始数据的数量级可以有效地减少此模型的病态性
问题并且缩小计算量。何霞（2012）针对最小二乘法稳健性差的特点，提
出使用加权最小二乘法方法来估计模型的参数并且给出了权重的表达式。
何俊（2013）在最小二乘准则下证明了分别以原始序列的 $x^{(1)}(1)$ 和
$x^{(1)}(n)$ 为初始条件的两预测公式有相同的模拟值和预测值并且通过实例给
予了证明。

关于灰色关联模型及其应用研究，谭学瑞、邓聚龙（1995）在灰色关
联分析基本原理的基础上将选取两级极差引申为三级，增加成组单位一个
层次，建立了一种适于医学统计分析的组成序列灰色关联分析方法。张绍
良、张国良（1996）总结了灰色关联分析的研究成果，比较了不同灰色关
联度计算方法的优缺点，分析了问题产生的根源。提出"曲线相似"数学
定义和"相似性"含义，为进一步修正灰色关联度计算公式提供了思路。
肖新平（1997）讨论了灰色关联度的规范性以及初值化、标准化对关联度
序集的影响等问题，发现现有的关联度量化模型均存在一些缺陷，进一步
探讨了存在缺陷的原因，从而基本上解决了灰关联度在这方面的理论问
题，同时也作出了一些相应的评论。何文章、郭鹏（1999）通过理论分析
及实例探讨了灰色关联度存在的主要缺陷，同时指出了不能用灰色关联度
代替数理统计中的相关系数及多元统计分析方法，在实际生活中需要根据
具体情况使用。熊和金等（2000）依据灰关联四公理，将一般关联度公式
拓广到矢量序列、复数序列、矩阵序列、模糊数序列、张量序列情形，为
扩大灰关联分析方法的应用领域提供了理论根据。刘泉等（2001）给出了
灰关联空间分解和灰色趋势关联分析的基本概念和方法，总结了用灰色趋
势关联度进行系统分析的一般步骤，通过两个具体的实例研究分析了该方
法的优越性和实用性。邓聚龙（2002）对灰色关联模型做了详细描述。王

坚强（2002）针对动态多指标系统决策特点，利用灰色关联分析方法提出了一种新的"奖优罚劣"的动态多指标决策模型。该模型不仅对指标进行初始化处理时使用了"奖优罚劣"原则，还通过构造相关矩阵，利用特征根、特征向量的性质，构造最优指标体系并且由此确定最优指标体系中各指标的权重。在经济决策的实际问题中应用该模型，取得较好的效果。党耀国等（2004）根据灰色关联度的理论，提出了区间数关联度的计算方法，从而把灰色关联分析理论由实数序列拓广到区间数序列。进一步研究了具有区间数的多目标决策问题，建立了多指标区间数关联决策模型。最后以实例验证了该模型的有效性与实用性。李宏艳（2004）针对灰色关联度计算存在的缺陷，详细论述了灰色关联度的实质并且在此基础上提出了一种基于实质的关联度计算方法。论证了它具有良好的性质，从而弥补了以往灰色关联度不完全符合实际的缺陷。张吉军（2005）给出了区间数多指标决策问题的灰色关联分析法，该方法简单实用，所需信息少并且运用该方法分析了一个实际问题。谢乃明、刘思峰（2007）对几类常用关联度模型做了简要综述，给出了平行性和一致性的定义，从理论角度研究了各关联度模型的平行性和一致性，指出几类常用关联度是否满足及不满足的平行性和一致性，结果表明很少有关联度可以同时满足这两个性质，这对灰关联理论的完善和新型关联度构造有着重要的意义。苏博等（2008）将BP神经网络算法与灰色关联分析方法结合，建立基于灰色关联分析的神经网络优化算法。能够得到较好的预测精度和稳定性。施红星等（2008）提出了周期关联模型，研究仅受周期因素影响的关联模型。崔杰等（2008）针对决策过程中指标权重的确定问题，在分析现有权重确定方法不足的基础上，提出了一种基于灰色关联度求解指标权重的改进方法并且对其性质进行了研究。杜宏云等（2010）提出了基于斜率判断的灰色周期关联度并且通过实例验证该方法的实用性。刘思峰等（2010）以灰色绝对关联度模型为基础，构造出分别从相似性和接近性两个不同视角测度序列之间的相互关系和影响的灰色关联分析模型并且研究了灰色相似关联度和灰色接近关联度的计算及性质。王体春、卜良峰（2011）针对复杂产品方案设计中设计属性信息的不完全性和约束性，提出了一种基于灰色关联分析的多属性权重分配模型。该方法首先通过灰色关联分析获得与设计属性有关的设计约束的重要度，然后分别以任一设计约束为评判准则，计算设计属性与各设计约束间的关联系数，得到相应的关系矩阵，进而在设计约束重要度和关系矩阵的基础上获得设计属性的权重。李鹏、刘思峰（2011）针对方案的指标值为区间直觉模糊数的决策问题，提出了一种基于灰色关联分析和 D-S 证据理论的决策方法。李鹏等（2011）针对方案的指标值为直觉模糊数的决策问题，提出一种基于灰色关联分析和 MYCIN 不确定因子的决策方法。王先甲，张熠（2011）提出了基于 AHP 和 DEA 的非均一化灰色关联方法，该方法综合了 AHP、DEA 和灰色关联三种方法的优势，以灰色关联为中心模型，通过 AHP 和 DEA 共同确定各方案的综合指标权重向量，从而计算出各方案的关联度。董卓宁等（2013）为解决信息不完备条件下的无人作战飞机战术决策问题，提出一种基于灰色区间关联的 UCAV 自主战术决策方法。仿真实例模拟了决策过程，验证了该方法在解决 UCAV 战术决策问题上的可行性和在化解规则匹配冲突方面的有效性。刘思峰等（2013）对灰色关联分析模型的研究进展进行了系统梳理，从早期基于点关联系数的灰色关联分析模型到基于整体或全局视角的广义灰色关联分析模型，从基于接近性测度相似性的灰色关联分析模型到分别基于相似性和接近性视角构造的灰色关联分析模型。研究对象从曲线之间的关系分析到曲面之间的关系分析再到三维空间立体乃至四维空间中超曲面之间的关系分析。明确了有待进一步研究的问题较为清晰地向读者展示出灰色关联分析模型的几条研究脉络。刘勇等（2013）针对属性值为区间直觉模糊数并且属性权重未知的一类决策问题，利用灰色关联分析方法的思想，构建了一种动态区间直觉模糊数多属性决策方法。最后通过一个案例验证了所提出的构建方法的有效性和可行性。邹凯等（2015）针对决策属性为三角模糊软集并且决策属性权重未知的一类决策问题，依据灰色关联理论提出了一种基于三角模糊软集的多属性灰色关联决策方法。蒋诗泉等（2015）以灰色关联决策理论为基础，分析经典灰色关联决策方法的优缺点。从两曲线相邻点间多边形面积的角度度量曲线在距离上的接近性和几何形状的相似性，提出以被选方案与理想方案间两相邻点的多边形面积作为关联系数，构建了灰色关联度公式。为了解决信息利用不充分和变化趋势不一致性问题，拟考虑被选方案与理想方案和负理想方案的关联度，构建了灰色关联相对贴近度模型。罗党、杨会雨（2016）针对决策者风险态度对多目标决策的影响提出了一种基于前景理论的多目标灰色关联决策方法。通过奖优惩劣的线性变换算子对原始数据进行规范化处理，得到不同目标下的正负理想方案。王海元，韩二东（2016）针对属性评价信息为区间直觉梯形模糊数的多属性群决策问题，给出一种基于灰色关联投影的群决策方法。将所给群决策方法应用到生鲜冷库空调系统选择决策问题中。王利东等（2017）结合灰色关联分析和 Dempster-Shafer 合成规则来建立两种基于不确定语言变量的多属性决策模型。将所建立的方法应用于供应商选择问题。刘中侠等（2017）为了解决决策方案属性值为区间灰数、指标权重信息部分已知的多属性决策问题，利用灰色关联分析的理论、"核与灰度"思想及最优化理论开展研究。周正龙等（2017）在分析灰色决策研究成果的基础上，引入熵值法用以确定属性值为区间数的灰色关联决策方法的权重，同时也修正了决策方法对权重的不确定性。结果表明，三种权重计算方法均能有效解决灰色关联决策问题中的权重问题，可以减少整个决策的随机性。耿秀丽等（2018）针对传统方案评价方法中大多没有考虑评价信息随机性的情况，运用云模型建立云评价标度。

采用灰色关联分析处理云评价指标对方案进行排序。宝斯琴塔娜、齐二石（2018）研究了有序梯形模糊数来表示不确定语言环境下的灰色关联TOPSIS多属性决策问题。兰海、史家钧（2001）将灰色关联分析和变权综合法相结合应用到大型桥梁结构的状态评估，取得了良好的预测效果。孙晓东等（2005）引入灰色系统理论对传统理想解法进行了拓展，提出了一种基于灰色关联度和理想解法的决策方法。该方法将欧氏距离和灰色关联有机结合，构造了一种新的相对贴近度以实现对方案的评价。周刚、程卫民（2005）针对灰色关联分析中由于比较序列曲线间空间位置不同而引起关联误差，分辨系数取定值不合理，取平均值求关联度影响评价准确性等缺陷，采用了线性变换及合理判定分辨系数的方法，确定了改进的关联系数并且结合模糊系统中的贴近度原理，提出了一种改进的灰色关联度求法。采用该方法对影响井下人体热舒适度的因素模糊灰色化后进行了评定分析。周静等（2005）为迅速准确地选择出高压输电故障线路和故障相别、保证继电保护装置正确动作、有选择地切除故障相，基于灰色系统理论中的灰色关联分析，提出一种新的关联度——向量关联度用于故障定位中的判相。结果表明通过比较关联度系数的大小可得出正确的故障类型及相别。张启义等（2007）为研究评估工程的防护能力，通过对经典的灰色关联分析法的分析，得出其存在的局限性，进而对其从分辨系数、熵权法和投影法方面进行改进。对工程防护效能进行评估并与经典的灰色关联分析法相比较，验证了该模型的可靠性和可行性。史向峰、申卯兴（2007）以地空导弹装备的使用保障能力为研究对象。基于灰色关联分析的思想和技术对影响使用保障性能的 4 个关键指标参数进行了评估，以实现对地空导弹类装备的使用保障性能进行科学的控制与管理。王军武、吕淑文（2007）分析了建筑供应链中供应商选择的评价指标体系，建立了基于灰色关联度理论的供应商选择的决策模型。穆瑞、张家泰（2008）利用灰色关联度对产品质量系统中顾客满意度进行了综合评价。最后通过算例综合分析参评产品的总体性能得出最佳方案。岳韶华等（2009）提出了基于多层次灰色关联分析的评价模型及算法并且运用熵权法确定各指标权重，该方法能够有效地降低人为因素的影响，最后进行了算例分析。田建艳等（2009）为了进一步提高采用神经网络对热轧机轧制力的预报精度及建模速度，采用灰色关联分析法，利用生产现场实际数据，对影响轧制力设定值计算的多种因素与轧制力进行了相关性分析，最终简化了神经网络的结构，提高了模型的在线应用能力。冯民权等（2011）根据汾河水质的实际情况，应用 BP 网络马尔可夫模型对水质进行预测。贾珺等（2012）通过对网络战特点的分析，构建网络战灰色关联分析模型，实现了对网络战的综合评估能力。刘亚群等（2013）建立基于灰色关联分析的遗传神经网络模型。该模型利用灰色关联分析理论，充分挖掘小样本潜在信息特征，较合理地确定了影响爆破振动速度的主要因素，解决了神经网络在多变量复杂系统中输入变量无法自动寻优的难题，从而增强了神经网络的适应能力和稳定性。采用该模型对广东台山核电站 1 期工程大襟岛水下爆破开挖质点峰值振动速度进行预测。研究方法可为小样本、多因素影响下类似工程质点峰值振动速度预测提供借鉴。臧冬伟等（2015）通过灰色关联分析法筛选出主要影响因素，采用遗传算法优化 BP 神经网络，构建基于灰色关联分析的 GA－BP 神经网络需水预测模型。实例应用结果表明，该模型用于需水预测能够比较全面地考虑需水量影响因子，与传统 BP 网络相比，GA－BP 网络预测精度更高，训练速度更快，可作为资料时间序列较短情况下一种较好的需水预测方法。户佐安等（2018）构建了 TOPSIS 法和灰色关联分析的多属性决策模型对交通信息网络布局模式进行评价及优选。结果表明：TOPSIS 法和灰色关联分析的多属性决策模型在对方案进行优选能很好地避免传统 TOPSIS 在决策过程中，两个方案均与正、负理想解距离相等而无法判断两个方案优劣的问题，适用于对区域交通信息网络布局模式的评选。吴华安等（2018）通过灰色关联度模型筛选城市人口密度的影响因素并且在此基础上运用多种灰色预测模型对重庆市人口密度进行模拟和预测，取得了良好的结果。赵国瑞等（2018）结合广东省一流高职院校的评价结果，建立了广义灰色关联度模型，将因素间的不确定关系白化并构建 TOPSIS 综合评价模型耦合了评价结果。袁方、陈新锋（2018）采用灰色关联度对我国移动第三方支付交易规模影响因素进行探索和分析，总结了促进移动第三方支付交易规模提升的原因。湛社霞等（2018）采用灰色关联度计算社会经济因素与珠三角、香港和澳门空气污染物浓度的关联度。

2.3　综合评述

从上述国内外研究现状可知：目前国内外学者对于应急物流和应急物资分类及数量进行了一定的研究，但是存在应急物资分类标准不统一、分类指标不明确，应急物资分类混乱等问题，而且物资的需求级别没有明确的量化模型来确定。也很少有学者对物资需求等级和需求量之间的关系进行研究和阐述，忽视了应急物资需求级别对应急物资需求量的影响。

　　同时对于应急物资需求预测的研究。前人研究的共同点是采用传统的预测方法（BP 神经网络、回归分析等）来预测大规模地震的死亡率，建立死亡率与应急救援物资需求的联系，最后通过对死亡率的预测来间接预测应急救援物资需求量。在对死亡率进行预测时，建立了死亡率与影响地震的某种或某几种因素（时间、倒塌房屋数量、地震震级、震中人口密度等）的关系。虽然不同学者所提出的相关因素各不相同，方法也不尽相同，但目前的研究成果都是局限于从关联角度出发来研究问题。然而中国幅员辽阔，发生在不同地区、不同时间的地震影响因素繁杂且不易统计，前人所采用的方法大都需要大量的样本来统计这些因素，其可操作性较差。本书以灰色建模技术为基础，通过分析每次地震之后不同物资需求数据动态变化的特点，建立不同的灰色预测模型对大规模地震灾害应急救援物资（药品类、生活类、专业救援器械类）的需求量进行预测，是从一个全新的角度全面的来研究大规模地震救援物资需求问题。而且本书所采用的灰色系统模型具有"小样本""贫信息"的特点，更加适用于大规模地震后通信不畅通、信息有限情况。

　　另外，对于灰色预测建模技术的研究。多数研究针对灰色 Verhulst 模型、灰色 GM（1，1）模型、灰色关联模型进行理论上的改进以及与其他预测模型或多属性决策模型结合，以期达到更准确的预测结果。在灰色预测模型的应用方面，研究涉及工程、机械、土木、管理等众多领域。虽然其在应急灾害中也有应用，但对于大规模地震灾害应急救援物资的预测较少并且鲜有研究将物资分类与物资需求预测相结合，通过分析不同类型下物资需求的特点以及建模预测技术的实现难度，采用不同的灰色预测模型对应急救援物资需求进行预测。本书在对大规模地震灾害应急救援物资进行分类的基础上，充分考虑不同种类物资需求的特点，采用灰色 Verhulst 模型、灰色 GM（1，1）模型、灰色关联模型分别对药品类救援物资、生活类救援物资和器械类救援物资需求量进行预测。同时在药品类救援物资需求量进行预测时充分考虑数据特点，分别采用时点型数据预测和区间型数据预测，在模型上一步步递进并且比较分析不同模型对预测结果的影响，从而选择预测精度最高的模型进行预测，取得了良好的预测效果。在生活类救援物资需求量预测时考虑到不断有新的伤员伤员被发现，因此充分考虑到人员数量的更新，采用新陈代谢 GM（1，1）模型来预测动态变化的人员需求。在器械类救援物资需求量预测时，考虑到地震灾害发生的因素不同所需要的救援器械不同，选取与器械类选取相关的因素进行关联分析从而用灰色关联模型进行预测。

第 3 章

大规模地震灾害救援系统分析

3.1 大规模地震灾害概述

3.1.1 大规模地震灾害的定义

地震灾害是指由地震引起的强烈地面振动及伴生的地面裂缝和变形，使各类建（构）筑物倒塌和损坏，设备和设施损坏，交通、通信中断和其他生命线工程设施等被破坏以及由此引起的火灾、爆炸、瘟疫、有毒物质泄漏、放射性污染、场地破坏等造成人畜伤亡和财产损失的灾害。

根据不同的分类标准，专家学者对地震灾害大小有着不同的定义。2012 年提出《国家地震应急预案》，将地震灾害大小分为四个等级：一般地震灾害、较大地震灾害、重大地震灾害、特别重大地震灾害。其中，对于重大地震灾害的定义是造成 50~300 人死亡，严重经济损失，人口较密集地区发生 6.0 以上、7.0 以下地震。鉴于此，本书将发生在人口较密集地区并且造成 50 人以上人员死亡和严重经济损失的 6.0 以上地震称为大规模地震灾害。

3.1.2 大规模地震灾害的等级

为了深入地认识地震灾害，我们从不同角度对地震进行分类。

依据地震形成的原因，通常将地震划分为诱发地震、天然地震和人工地震三种类型。自然界发生的地震被称为天然地震，主要包含构造地震、火山地震及塌陷地震。构造地震是由于地下岩层的快速破裂和错动所造成的地震，占全球地震总数的90%以上。作为地震监测预报、灾害预防和缓解的主要对象之一，构造地震具有破坏性强、频率高等特征。火山地震是由于火山作用引起的地震，占全球发生地震数的7%左右。火山地震都发生在活火山地区，一般震级不大。由地下岩洞或矿井顶部塌陷而引起的地震称为塌陷地震。与其他类型的地震相比较，这类地震的规模不是很大，次数也不是很多，即使发生了，也通常发生在具有较多溶洞的石灰岩区域或者进行大范围地下挖掘的采矿区，造成破坏的区域是极其有限度的。因为补充或者保持油田压力而进行的油田注水、水库大量蓄水等因地壳一些外部活动而引起的地震称为诱发地震。这种类型的地震由于诱发原因的特殊性，往往发生在一些拥有油田或者水库的区域。由人类活动（如开山、采矿、爆破、地下核试验等）引起的地面震动称为人工地震。

按震中距可分为3种类型：地方震（震中距小于100公里的地震）、近震（震中距大于100公里，小于1000公里的地震）、远震（震中距大于1000公里的地震）（见图3-1）。

按震级的大小分为微震（震级大于、等于1级，小于3级的称为弱震或微震）、小地震（震级大于、等于3级，小于4.5级）、中地震（震级大于、等于4.5级，小于6级）、强地震（震级大于、等于6级，小于7级）、大地震（震级大于、等于7级）和特大地震（震级8级以及8级以上）。

按震源深度可分为3种类型：浅源地震（震源深度小于60公里的地震，也称正常深度地震）、中源地震（震源深度在60公里至300公里之间的地震）、深源地震（震源深度大于300公里的地震）。已记录到的最深地震的震源深度约为700公里，地球上75%以上的地震是浅源地震。

根据《国家地震应急预案》，地震应急响应主要是根据地震灾害事件的级别进行部署的，地震灾害的级别划分如表3-1所示。

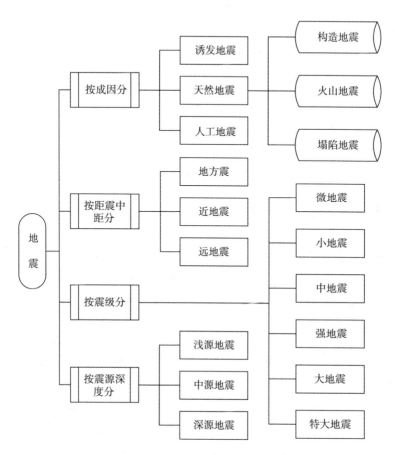

图 3-1　地震的分类

表 3-1　　　　　　　　　　　地震灾害级别划分

类别	死亡人数	直接经济损失	震级	人口密度
特别重大地震	≥300	占该省(区、县)上年国内生产总值1%以上	≥7.0	密集
重大地震灾害	50~300	一定经济损失	6.5~7.0	较密集
重大地震灾害	20~50	一定经济损失	6.0~6.5	较密集
一般地震灾害	≤20	一定经济损失	5.0~6.0	较密集

本书的研究对象为大规模地震灾害，主要对大规模地震灾害发生后应急救援物资的需求进行预测，即灾后的物资需求量是很大的，所以本书的大规模地震主要是指表 3 – 1 中的特别重大地震。

3.1.3 大规模地震灾害的特性

1. 地震灾害具有突发性

目前，世界范围内地震的预报水平普遍不高，大量科研工作者致力于地震预报的研究。地质法、统计法、前兆法是目前经常采用的地震预报方法，一般情况下，主要是采用后两种方法或者三者的有机结合。因此，一大部分的地震在目前的条件下还不能被准确预测，进而地震的爆发通常会在大多数人意料之外。这样，地震尤其是大规模地震爆发时，人们没有任何准备，往往惊慌失措，从而也难以采取恰当的措施避免受其伤害，进而造成极其严重的伤亡。

2. 地震爆发具有瞬时性

尽管地震会造成极其严重的破坏性结果，但地震的发生时间并不长。通常情况下，地震往往在极短（甚至只有十几秒），最长也不过几分钟的时间内爆发出其能量。在受灾人员还惊慌失措、来不及反应的情况下，昔日的家园已经被夷为平地，造成一部分灾民被困，绝大多数灾民受伤，从而不能在地震发生后展开积极的自救或者救援行动。

3. 地震造成伤亡大

据不完全统计显示，20 世纪因地震而造成死亡的人数超过所有自然灾害死亡人数的一半，而其中中国因地震死亡的人数最多，接近 50%。仅仅 1976 年发生在我国唐山地区的地震就造成了二十多万人死亡，十几万人受伤。近年来，汶川大地震、玉树地震也带来了数以万计生命的消失。这些与地震发生时间、地点、房屋抗震水平以及抗震知识教育等各种因素都有一定的关系。有资料显示，房屋抗震水平低在地震中倒塌而造成的死亡人数约占 60%。

4. 易引起次生灾害

许多大规模地震都比较容易引发各类次生灾害，火灾是比较常见的一种次生灾害。例如 1923 年发生在日本关东的地震，1995 年发生在日本阪神的地震，1906 年发生在美国旧金山的地震等相当多的地震都引起了火灾。其中，日本在关东地震中丧生 14 万人，2/3 以上的死亡是由火灾造成的。

3.2 大规模地震灾害救援系统分析

3.2.1 大规模地震灾害救援概述

地震应急救援工作是防震减灾三大工作体系之一，国务院对此项工作高度重视，多次强调要建立"反应迅速，突击力强的地震应急救援体系"。近年来，我国地震应急救援工作稳步推进，地震应急救援工作体系逐步建立。

为了加强对破坏性地震应急活动的管理，减轻地震灾害损失，保障国家财产和公民人身、财产安全，维护社会秩序，1995 年 2 月 11 日国务院令第 172 号发布了《破坏性地震应急条例》，自 1995 年 4 月 1 日起实行。该条例对破坏性地震应急机构、应急预案、临震应急、震后应急、奖励和处罚进行了相应的解释并且指出"破坏性地震"是造成一定数量的人员伤亡和经济损失的地震事件。"严重破坏性地震"是造成严重的人员伤亡和经济损失，使灾区丧失或者部分丧失自我恢复能力，需要国家采取对抗行动的地震事件。

《中华人民共和国防震减灾法》是由中华人民共和国第十一届全国人民代表大会常务委员会第六次会议于 2008 年 12 月 27 日修订通过，自 2009 年 5 月 1 日起施行。该法主要包括总则、防震减灾规划、地震监测预报、地震灾害预防、地震应急救援、地震灾后过渡性安置和恢复重建、监督管理、法律责任、附则几个部分。

3.2.2 大规模地震灾害救援的系统要素分析

1. 流动要素分析

大规模地震灾害救援系统的流动要素是指大规模地震灾害应急救援各

作业环节中的流体、流向、流量、流速、流程等要素。以下内容将分别对地震灾害发生前（简称"灾前"）、地震灾害发生中（简称"灾中"）、地震灾害发生后（简称"灾后"）地震灾害应急救援物流系统中各流动要素进行分析。

（1）灾前的流动要素分析。灾前涉及的主要流动过程有两个。

第一，方便储存的物品（如帐篷、棉被、部分药品及食品等）从常规采购供应商到储备库的流动。

第二，部分过期前转售的物品（如药品、食品等）从储备库到销售商的流动。前者通常包括储备库刚投入使用的集中采购和后期为了弥补部分过期前物品的转售所引起的库存下降，保持储备库动态平衡而进行的分批采购。储备库刚投入使用时，需要将各种物品从无到有地储备到一定的库存量，这种集中采购将引起较大的流量。储备库运营过程中，部分过期前物品的转售以及为弥补由这种转售引起库存下降进行的采购活动引起的流量通常很小。但如果这种流量实际较大，就应考虑不采用大量的实物储备，而采用"协议储备"（即与物品生产商签订协议，当灾害发生时，生产商必须提供相应品种和数量的物品）和（或）采用"信息储备"（即通过多种渠道收集生产商的详细信息，包括产品品种、规格、最大产能等，一旦灾害发生时，通过紧急采购获得物品）的方式进行储备。

灾前储备物品的来源地通常是分布在全国各地，甚至是国外。而储备库通常设置在灾害易发区附近以便灾害发生时能以最快的速度提供救援物品。因此，物品到达储备库之前的流程通常是相当长的。从储备库转售给销售商的物品通常是与人们的身体健康或日常生活紧密相关的，如药品或食品等，在这些物品过期前，可以就近转售给销售商销售给当地的居民或是医院进行消费或是使用。因此，部分过期前转售的物品从储备库到销售商之间的流程通常非常短。

灾前流体的流速是在正常情况下进行的，与一般的物流活动无差异。因此，储备物品和转售物品的流速是按物流的正常速度进行的。从供应商到储备库之间的流程较长，建议其载体选用铁路（火车、货场等）或是水路（船舶、港口、码头等），而从储备库到销售商之间的流程较短，建议选用公路（汽车）为载体。

（2）灾中的流动要素分析。灾中涉及的主要流动过程有以下 5 个方面。第一，方便储存的物品从储备库到救援物品临时存放区的流动。第二，紧急采购物品（储备库中没有，如保质太短的物品或是储备数量不够而紧急采购的救援物品）从供应商到救援物品临时存放区的流动。第三，捐赠物品（主要是衣物、食品等）从各捐赠点到捐赠物品暂存区的流动。第四，捐赠物品中用于救援的物品从捐赠物品暂存区向救援物品临时存放区的流动。第五，救援物品从救援物品临时存放区向各救助点的流动。

相对于紧急采购和社会募捐来说，从储备库中进行紧急调拨所需的时间短，物品供给有保证且物品的品种、规格及数量是确定的，救援物品供给的风险可以降到最低。因此，灾害发生时，通常首先从储备库中进行紧急调拨，之后如果有需要会启动紧急采购或（和）社会募捐。

从储备库到救援物品临时存放区的流量在灾中救援的前期迅速增大，中后期逐渐减少；紧急采购引起的流量在灾中救援的前期较少，中期迅速增大，后期逐渐减少；捐赠引起的流量在灾中救援的前期较少，中后期逐渐增大。从救援物品临时存放区到各救助点的流量直接与灾情的变化相关，在地震灾害发生时会产生较大的流量。由于储备库通常设置在离灾害多发区不远处，救援物品临时存放区通常设置在实际发生灾害的区域附近，因此从储备库到救援物品临时存放区以及从救援物品临时存放区到各救助点之间的流程都比较短。由于各捐赠点承接的捐赠物品品种较多，在运往灾区之前，通常需要在各捐赠点附近设置捐赠物品暂时存放区，便于对来自各捐赠点的物品进行分类整理，之后才运送到灾区。从各捐赠点到捐赠物品暂时存放区之间的流程较短，而从捐赠物品暂时存放区到救援物品临时存放区流程比较长。紧急采购的供应商可能分布在全国各地，甚至是国外，因此，从紧急采购供应商到救援物品临时存放区之间的流程，相对于灾中其他几个流动过程来说长得多。

灾中所有救援活动与灾民的生命与财产紧密相关，任何延误都可能危及众多人的生命或是导致巨额的经济损失。因此，灾中所有救援活动都是在一种紧急状态下进行的，其中的物流活动也不例外，即物流活动中所有流动所涉及的流速均非常快，在大规模地震灾害发生情况下，救援任务更加紧急。

至于载体方面，从捐赠物品暂时存放区到救援物品临时存放区和从紧急采购供应商到救援物品临时存放区之间的流程较长，建议采用铁路（火车）、公路（汽车）或是部分采用航空（飞机）为载体；从储备库到救援物品临时存放和从各捐赠点到捐赠物品暂时存放区的流程较短，建议采用公路（汽车）为载体；从救援物品暂存区到各救助点之间的流动，在公路网络没有被严重破坏、公路运送危险性不是太高、救援活动不是特别紧急的情况下，建议采用公路（汽车）为主要载体；但由于地震灾害导致公路运输网络的可靠性大大降低且救援任务紧急的情况下，建议使用飞机（空中投放）为主要载体。

（3）灾后的流动要素分析。灾后的主要流动过程有3个方面。第一，部分救援物品从各救助点到储备库之间的回收流动过程。第二，部分未使用的捐赠物品从捐赠物品暂存区运送入储备库的流动。第三，为了弥补救援过程中消耗的储备物品进行补充采购引起的物品流动。

部分救援物品从各救助点到储备库之间的回收流动以及部分未使用的捐赠物品从捐赠物品暂存区运送入储备库的流动的流量均较小。为了弥补救援过程中消耗的储备物品进行补充采购引起物品流动的流量较大并且流量的大小与灾害过程中消耗的储备物品多少有直接的关系，在地震灾害发生后消耗的储备物品必定很多。

灾后各流动过程的流程均较长，同时考虑到灾后储备物品不像灾中那么紧急，物流活动可按正常的流动速度进行。因此，灾后流动过程中，考虑到时间成本和经济效益，载体以铁路（火车）或水路（船舶）为主。

由上述分析可知，大规模地震灾害应急救援物流系统中灾前、灾中、灾后各阶段的流动要素（包括流体、载体、流向、流量、流速、流程）各不相同并且在各自所处的阶段里，通常还会随着灾情的变化而动态变化（见表3-2、图3-2）。

表 3－2　地震灾害救援物流系统中灾前、灾中、灾后各流动要素比较

时间区间	救援活动	主要流体	主要载体	流向	流量	流速	流程
灾前	储备库刚投入使用的集中采购	方便储存的物品（如帐篷、棉被、部分药品及食品等）	铁路（火车）、水路（船舶）	从常规采购供应商到储备库	较大	正常速度	长
	部分过期前物品的集中转售	临近过期物品（如药品、部分药品及食品等）	公路（汽车）	从储备库到销售商	很小	正常速度	短
	弥补由转售引起库存下降进行的采购	有保质期的物品（如药品、食品等）	铁路（火车）、水路（船舶）	从常规采购供应商到储备库	很小	正常速度	长
	紧急调拨	方便储存的物品（如帐篷、棉被、部分药品及食品等）	公路（汽车）	从储备库到救援物品临时存放区	巨大	非常快速	较短
	紧急采购	储备库中没有，如保质期太短的物品或是储备数量不够而紧急采购的救援物品	铁路（火车）、航空（飞机）、公路（汽车）	从供应商到救援物品临时存放区	较大	非常快速	长
灾中	收集社会募捐物品	非灾区内的捐赠物品（主要是衣物等）	公路（汽车）	从各捐赠点到捐赠物品暂存库	较小	非常快速	短
	运送社会募捐物品	可用于救援的捐赠物品	铁路（火车）、航空（飞机）、公路（汽车）	从捐赠物品暂存区向救援物品临时存放区	较小	非常快速	较长
	向各救助点配送	救援所需物品	公路（汽车）、航空（飞机）	从救援物品临时存放区向各救助点	巨大	非常快速	短
灾后	救援物品的部分回收	可再次使用的物品，如帐篷等，以及未使用完好的救援物品	铁路（火车）、水路（船舶）	从各救助点到储备库	较小	正常速度	较长
	捐赠物品的入库	部分未使用的捐赠物品	铁路（火车）、水路（船舶）	从捐赠物品暂存区运送入储备库	较小	正常速度	较长
	补充采购	方便储存的物品（如帐篷、棉被、部分药品及食品等）	铁路（火车）、水路（船舶）	从补充采购供应商到储备库	巨大	正常速度	长

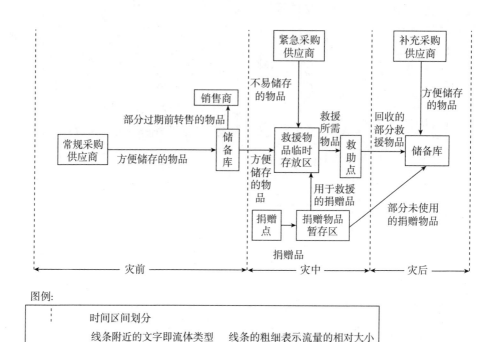

图 3-2 大规模地震灾害流动要素分析

因此，在组织自然灾害救援物流活动的过程中，只有充分考虑到这些不同及动态变化性，采取相应的措施，才能确保救援物流高效、顺利完成。

2. 功能要素分析

地震灾害救援物流系统的功能要素指的是物流系统所具的基本能力，这些基本能力有效地组合、联结在一起，合理、有效地实现物流系统的总目的。物流系统的功能要素包括运输、储存、包装、装卸搬运、流通加工、配送、物流信息等，下面着重对大规模地震灾害应急救援物流系统的采购功能、运输功能、存储功能和信息功能进行分析。

（1）大规模地震灾害应急救援物流系统中的物资采购功能分析。

第一，大规模地震灾害应急救援物流系统中采购功能的具体表现。大规模地震灾害救援物流采购功能是为保证灾害救援工作顺利进行的救援物资采购与供应工作。救援物流采购是起点，救援物资采购的数量、质量直接影响着救援工作的进展和质量。具体包括：灾害发生前，进行一定数量和品种的物资采购，因为大规模地震灾害发生后，对生命财产的救援，时间是最重要的，需要救援物资能够在第一时间到达灾害发生地；灾害救援过程中，由于灾害救援物流需求的不确定性，对救援物资的事前采购及储备的通用救援物资（主要有帐篷、棉被）和有保质期的救援物资（如食品、药品）的采购；灾难发生后，整个社会将会行动起来为灾区捐赠物资，需要对社会捐赠物资进行管理。

第二，大规模地震灾害救援物流系统中采购的方式。通常情况下，物资集中采购的方式主要包括公开招标、邀请招标、竞争性谈判、询价和单一来源 5 种。但由于大规模地震灾害救援物资采购工作的紧迫性，常规的招标方式在时间上无法满足紧急需求。因此，大规模地震灾害救援物资的采购方式主要采用竞争性谈判、询价、单一来源采购，以及由此衍生出的协议采购和定点采购。

竞争性谈判方式在应急采购中主要适用于技术复杂、采购数量较大、采购时限要求相对不是很紧或难于计算价格总额的物资。

询价方式在应急采购中主要适用于技术标准统一、现货资源充足、价格相对稳定、采购时限要求较短的物资。

单一来源方式在应急采购中主要适用于只能从唯一供应商获得的产品或来不及从多家企业选择供应商、采购时限要求很短的物资。

协议采购是指采购机构按照事先与供应商签订的紧急供货协议而进行的采购。

定点采购是指先期通过招标或竞争性谈判方式确定供应商并与之签订合同，在一定期限内采购其产品的方式，主要适用于技术标准统一、现货市场充足、价格相对稳定、采购时限要求紧急的常用消费物资。

对于这些采购方式的选择，如果有紧急供货协议或定点采购合同的，可直接按照紧急供货协议和定点采购合同办理。无法进行协议采购和定点采购的，可按照应急采购任务性质分别选用单一来源、询价和竞争性谈判，也可以通过网上采购方式组织采购。

　　第三，大规模地震灾害应急救援物流采购供应商的选择。由于大规模地震灾害应急救援物资需求不同于一般物资需求，因此，在供应商的选择问题上，需要考虑交货准时性因素、物资的质量因素和采购成本因素等。同时由于大规模地震灾害救援物资的不同，也需要分门别类地针对不同供应商采取不同的采购策略（见表3－3）。

表3－3　　　　　　　　　　　　　　救援物资的类型

分类标志	主要类型	对应的救援物资需求
按重要程度不同分	重要物资	救援运载、通信广播、交通运输工具以及动力燃料等
	普通物资	防护用品、临时食宿用具、工程设备、普通器材工具、工程材料、照明设备等
	瓶颈物资	生命支持、生命救助以及污染清理物品等
按优先等级分	生命救助物资	防护用品、生命救助、生命支持以及救援运载物资，救援时所需的粮食、医药等战略应急物资
	工程保障物资	开展救援活动的后勤支持，包括临时食宿、污染清理和动力燃料等物资
	工程建设物资	这部分物资由两部分组成：第一部分是施工设备，包括工程设备、工程材料以及器材工具等；第二部分是辅助施工设备，如照明设备、通信广播和交通运输等
	灾后重建物资	这部分物资是用于救援善后工序的物资，包括受灾面积内恢复正常生产、生活必需的所有物资，如：灾后恢复农业生产的种子、化肥等生产资料，工厂恢复生产的机器设备等

　　针对提供物资的供应商的不同，应该采取不同的物资采购策略。如对于重要物资，必须与供应商建立长期合作伙伴关系；对于普通物资，应该采用多目标最优化策略，综合考虑交货、质量、价格等因素；而对于瓶颈物资，在多目标最优化策略中更应强调交货的准时性。

（2）大规模地震灾害应急救援物流运输功能分析。

第一，大规模地震灾害应急救援物流系统中运输功能的具体表现。大规模地震灾害应急救援物流系统中运输功能主要表现为该物流系中较远距离、较大宗物品的输送活动。具体包括灾害发生前从供应商到储备库之间由常规采购引起的运输；灾害救援过程中，从储备库到救援物品临时存放区之间由紧急调拨引起的运输，从供应商到救援物品临时存放区之间由紧急采购引起的运输，从非灾区捐赠点到救援物品临时存放区之间的运输；救援结束后，从供应商到储备库之间由补充采购引起的运输，部分救援物品从临时存放区到储备库之间由回收物流引起的运输，部分捐赠物品从非灾区捐赠点到储备库的入库前运输。大规模地震灾害救援物流系统中运输功能的具体表现如图 3 - 3 所示。

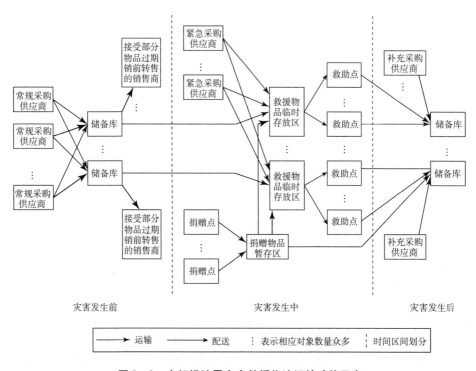

图 3 - 3 大规模地震灾害救援物流运输功能示意

第二，大规模地震灾害救援物流系统中运输功能的特点。由于大规模地震灾害应急救援物流具有特殊性，大规模地震灾害应急救援物流系统中运输功能相对于普通物流系统的运输功能来说具有以下特点。

一是运输量呈现不均衡性。灾害发生前，运输活动主要发生于常规采购引起的运输，这种常规采购通常是用于弥补部分救援物品过期前转售或是部分货损引起储备库存的减少，从而保持储备库的动态平衡。当然还包括临时由于储备计划的调整而需增加储备的救援物品采购引起的运输。因此，灾害发生前运输量相对较小。

灾害救援中，来自各储备库，紧急采购供应商以及各捐赠点的大量救援物品需运送至灾区，这些救援物品主要是大量的救治用医药品及生活必需品。因此，灾害救援中各种救援物品的运输量猛增。

灾害救援结束后，部分救援物品需回收运入储备库，部分救援过程中未使用或没用完的捐赠物品需分类整理后运入储备库，同时还需要为补充储备存量减少而需进行补充采购。因此，灾害救援结束后的运输量与灾前的运输量相比较大，与灾害救援中的运输量相比则小得多。

二是运输活动的起点和终点具有不确定性并且动态变化。灾害救援中，运输活动的起点主要有各储备库、各紧急采购供应商及各捐赠点。救援过程中，可能由于个别储备库的某些物品已经缺货而启用新的储备库；也可能由于个别紧急采购供应商无法继续供应某些物品而采用新的供应商；也可能由于灾情有了新的变化，考虑到时间或成本因素而启用新的储备库或新的供应商；捐赠点也可能随着灾情的变化增加或是减少。

灾害发生中，运输活动的终点是临时安置在灾区附近的救援物品临时存放区。这些临时存放区可能由于灾区范围的扩大而迁移；可能由于灾情的严重而增设；可能由于灾情的减轻而缩减。

三是运输活动具有突发性及紧急性。灾害救援中，运输活动的开始具有突发性，即随着大规模地震灾害的突然发生而突然启动，在灾害发生前，谁也不知道灾害救援物流中的运输活动何时开始，这使得运输活动难以计划。另外，救援活动与灾区人们的生命财产紧密相关，任何情况下的一点点延误都有可能危及众多人的生命，也可能导致巨额的经济损失。因此，运输活动呈现紧急性。

第三，大规模地震灾害应急救援物流系统对运输功能的要求。大规模地震灾害救援物流系统具有"物流活动的计划、实施存在不确定性""救援活动对物流系统的需求量不确定"的特点，因此，对其运输功能提出了以下要求。

一是准确无误及时运送。大规模地震灾害救援物流与灾区人们的生命和财产紧密相关，救援过程中的运输必须紧紧围绕紧急救援目的开展活动，运输过程中出现的任何错误或是延误都将带来不可估量的损失。因此，大规模地震灾害应急救援物流系统要求其运输功能必须准确无误且及时运送，确保救援工作顺利进行。

二是实时跟踪与调度。时间因素是大规模地震灾害应急救援活动应考虑的第一要素。物流活动是救援活动中消耗时间最多的，而运输又是物流活动中耗费时间最多的环节。大规模地震灾害发生后，公路运输网络、铁路运输网络的可靠性往往受到不同程度的影响。此外，救援过程中运输量及运输活动的起点和终点均具有不确定性并且动态变化，为保证救援活动及时有效开展，救援指挥中心需要实时掌握救援物品运输信息，并且根据实际情况及时做出科学的运输调度。

三是柔性、灵活。由于救援过程中，运输量呈现不确定性并且动态变化、运输活动的起点和终点具有不确定性并且动态变化，自救援物流系统要求其运输功能具有相当的柔性和灵活性，能针对新出现的情况及时做出反应，更为快捷地完成运输任务。

四是科学决策。救援过程中，运输活动需完成从多个动态变化的起点到多个动态变化的终点之间大量救援物品的运输任务。由于问题的复杂、时间紧迫，如果不采用科学的方法做出合理的调度安排，难免导致过远运输、对流运输等不合理运输，势必浪费大量的运输资源，耗费较多的运输时间，增加运输成本。因此，救援过程中，大规模地震灾害应急救援物流系统要求对其运输活动进行科学决策。

第四，大规模地震灾害救援物流系统中运输功能的组织实施。大规模地震灾害应急救援物流系统中运输功能具有自身的一些特点，同时救援物流系统对其运输功能也提出了特殊的要求。因此，大规模地震灾害救援物流系中运输功能的组织实施非常重要。因此，就运输功能中车辆及运输过程的组织实施2个主要方面提出以下建议。

一是运输车辆的组织实施。相关部门与运输公司签订协议，根据灾害发生前，常规采购引起的运输任务量，签订固定车辆的定期使用协议，由其完成平时的运输任务。同时，与运输公司签订紧急情况强制征用相应数量的车辆的协议。另外，当大规模地震灾害发生时，如果前面2种方式可提供的车辆不够，则可根据需要临时组织社会运力完成运输任务。政府也应考虑承担战备任务企业的付出！适当从财政中拿出一部分资金用作战备工作补贴。

二是运输过程的组织实施。长途大量运输主要依靠铁路完成，根据需要调运车皮，发运数量大的还需安排专列。运输汽车随到随装，保证救灾物资的运输。救援中特别紧急的物品，主要采用空运的方式完成。为了使救援物品及时、安全地从储备库、紧急采购供应商及非灾区捐赠点运送到灾区附近救援物品临时存放区，需安排专人押运救援指挥中心对运输过程进行实时跟踪并合理进行动态调度，确保救援物品及时送达。

（3）大规模地震灾害应急救援物流储存功能分析。

第一，大规模地震灾害应急救援物流系统中储存功能的具体表现。大规模地震灾害救援物流系统中储存功能主要表现为：灾害发生前，储备库中储备物品常规采购入库、在库保管及部分物品过期前转售引起的出库；灾害发生中，储备库中储备物品由于紧急调拨引起的出库，紧急救援物品在灾区附近救援物品临时存放区中的收货、临时存放、物品整理、根据需要进行简单包装、临时保管及救援配送活动引起的发货。灾害发生中，非灾区捐赠物品在送往灾区之前在暂时存放区中发生的收货、临时存放、物品整理、根据需要进行简单包装、临时保管及运送到灾区引起的发货。灾害发生后，由补充采购、部分来自各救助点的救援物品回收以及部分非灾区捐赠物品运送至储备库的入库、在库保管。大规模地震灾害救援物流系统中储存功能如图3-4所示。

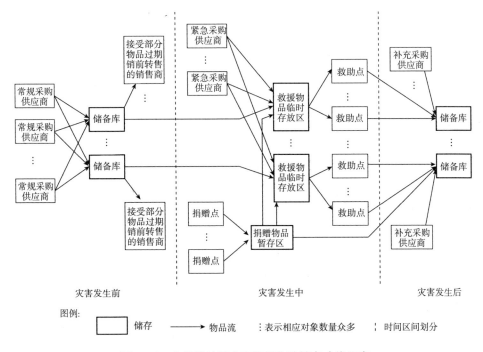

图 3 – 4　大规模地震灾害救援物流储存功能示意

第二，大规模地震灾害应急救援物流系统中储存功能的特点。由于大规模地震灾害应急救援物流具有特殊性，大规模地震灾害应急救援物流系统中储存功能相对于普通物流系统的储存功能来说具有以下特点。

一是不均衡性。灾害发生前，储存活动仅发生在由于常规采购引起的入库、在库保管及部分救援物品过期前转售引起的出库。这个过程中，由于储存的物品品种及数量有限、作业活动的次数有限，因此，储存作业量就很小。

灾害发生中，各储备库在短时间内紧急完成大量救援物品的出库作业，各临时存放区，需在短时间里，完成来源不同、品种繁多、数量众多的救援物品的收货、临时存放、整理、根据需要进行的简单包装以及配送至各救助点的出货。因此，灾害发生中，储存作业量猛增。

灾害发生后，大量的物品需进行储备库。这些物品包括，部分可再次使用的（如帐篷等）或未分发完的救援物品；部分由非灾区捐赠，救援过程中未使用或是没用完的物品；为补充由于救援活动引起的库存量减少而进行补充采购的物品。因此，灾害发生后，将产生较大量的储存作业。

总之，大规模地震灾害救援物流系统中储存作业量呈现不均衡性，即灾害发生前，储存作业量很小，灾害发生中，储存作业量猛增，灾害发生后，储存作业量明显下降，但与灾害发生前相比，仍然较大。

二是不确定性。大规模地震灾害通常是一个时间段里的持续过程，出现什么严重的灾情，受灾区域是否会扩大都具有不确定性。因此，即便灾害的救援活动已经开始，整个救援过程中，所需救援物品的品种和数量依然无法确定。所以，灾害发生中，各储备库、各临时存放区完成的储存作业任务呈现不确定性。

三是紧急性。大规模地震灾害一旦发生，任何与救援活动相关的活动都应以时间为第一考虑的要素，储存活动也不例外。灾害发生中，各储备库、各临时存放点的所有活动都将在非常紧急的状态下进行。

四是复杂性。灾害发生中，各临时存放点需要处理来源不同、品种繁多、数量众多的救援物品的收货、临时存放，还需根据各救助点对救援物品的具体需求，完成这些物品的整理及出货。灾害发生后，储备库需要完成来自各救助点、补充采购供应商及非灾区捐赠物品暂时存放区各种物品的入库作业。因此，相对于灾害发生前来说，灾害发生中及灾害发生后的储存活动具有相当的复杂性。

第三，大规模地震灾害救援物流系统对储存功能的要求。大规模地震灾害救援物流系统对其储存功能提出了以下要求。

一是保持一定储备数量并始终处于可用状态。在灾害发生前，储备库中必须储备一定品种和数量的救援物品并且始终处于可用状态。储备库存在的目的，是为了一旦大规模地震灾害发生，能及时提供相应的救援物品，更迅速地开展救援活动。如果储备库中储备的品种和数量太少，灾害发生后，大量的救援物品需要紧急采购，这势必加大救援物品不能及时送达的风险，同时增加救援成本。相反，如果储备库中储备的品种和数量太多，平时大量的储备活动仅为极少时间发生，甚至相当一段时间并未发生的灾害救援而开展，必然导致平时大量的储存费用及储备物品占用大量的资金。因此，要求储备库根据历年大规模地震灾害发生的统计数据，确定科学合理的储备物品品种及数量，在满足救援需要的情况下，节约成本。

二是高效准确完成救援物资的收发和整理。在灾害发生中，各临时存放点必须高效、准确完成救援物品的收货、整理、发货等相关事宜。灾害发生中，从各储备库紧急调拨来的救援物品、从相关供应商紧急采购来的救援物品、从非灾区各捐赠点运送来的救援物品，必须在最短时间里，准确无误地完成所有物品的收货、临时存放、整理。为了确保救援的高效进行，通常情况下，还需根据各救援点的实际需要的物品进行简单的包装。同时，必须以最快的速度完成相关物品的出库。

三是救援工作结束后做好物资回收入库工作。灾害救援工作阶段性结束后，各种回收的救援物品需要入库，各种剩余的捐赠物品需要入库，为补充储备库存而采购的各种物品需要入库。物品种类较多，数量较大，来源较复杂。因此，要求各储备库必须准确无误完成各种物品的入库任务。

第四，大规模地震灾害救援物流系统中储存功能的组织实施。

一是严格储备库中物品的管理。救灾储备物资储存的基本要求是：专项储存、集中管理、职责明确、制度完善、操作规范、保证安全、专物专用、严格审批。各项职责繁多，最重要的两项：物资的入库和出库。需要严格按照《救灾物资储备库安全保卫工作制度》出入物资。同时要实行"无偿调用，及时添平补齐"的原则，保证储备物资的动态平衡。

二是实物储存、协议储存与信息储存并重。储备的救灾物资可包括两大类：一类是救生类，包括救生舟、救生船、救生艇、救生圈、救生衣等；另一类为生活类，包括衣被（单棉绒衣）、毯子、方便食品、急救药品、救灾帐篷、净水器械、净水剂等。对于容易储存的物品，如衣被、毯子等，可以采用实物储存的方式进行储备，即在储备库里实实在在地储存一定数量。对于不易储存的物品，如方便食品等，可采取与生产厂家（包含大型物流超市）签订合作协议的方式，将物资品种、供应方式、应急要求、联络办法进行预约和规定，一旦出现在紧急需求，由其提供相应物品。除此之外，由于大规模地震灾害具有不确定性，谁也无法预知救援过程所需的物品数量，无论是储备库的储存还是与生产厂家（包含大型物流超市）之间的协议储存，都可能无法满足突发性的灾害救援物品的需求。基于此，有关部门可以在实物储存及协议储存的基础上，增加信息储存。所谓信息储存，就是平时采用多种渠道收集相关物品的生产厂家能提供的物品品种、数量等信息，一旦有需要，能够以最快的速度通过紧急采购或是定向募捐的方式获得救援物品。

（4）大规模地震灾害应急救援物流信息功能分析。

第一，大规模地震灾害应急救援物流系统中信息功能的具体表现。大规模地震灾害应急救援物流系统的功能要得到充分有效的发挥，信息处理至关重要。因此，大规模地震灾害应急救援物流系统应具备信息功能。大规模地震灾害救援物流信息是对大规模地震灾害救援活动过程的数据进行加工处理后的有用数据，是大规模地震灾害救援物流活动的反映和客观事实。

第二，大规模地震灾害应急救援物流系统中信息功能的特点。由于大规模地震灾害应急救援物流具有特殊性，大规模地震灾害应急救援物流系统中信息功能相对于普通物流系统的信息功能来说具有以下特点。

一是时效性强。由于大规模地震灾害应急救援活动具有非常强的时效性，与之相应的救援物流信息也具有非常强的时效性，要求救援物流信息传递迅速，实时共享。

二是信息量大。由于大规模地震灾害的突发性，需要在短时间内将大量的救灾物资迅速送到灾区，更多物流工作要展开，信息量也在短时间内聚集、存储，同时迅速传递出去。特别是在救援物流活动过程中，会涉及许多的企业和组织，甚至自愿者或个人，救援物流的信息量会越来越大。

三是来源多样。大规模地震灾害救援物流信息不仅包括灾害应急救援物流活动过程中的物流信息，还包括救援物流活动过程中各部门、企业等的物流信息和与物流活动有关的基础设施的信息等，如车站、港口、码头、机场、铁路等。因此，救援物流的信息来源多样而泛。

四是更新迅速。大规模地震灾害应急救援工作每时每刻都在发生变化，因此救援物流信息的更新速度也非常快。特别是在大规模地震灾害发生的初期，第一任务是要在最短的时间内抢救生命，这时的信息量不仅非常大、来源多，更新的速度还非常快。

第三，大规模地震灾害救援物流系统对信息功能的要求。大规模地震灾害救援物流系统功能应包括基本保障系统、决策分析系统、物资采购系统、物流运输系统和物资配送系统等（见图 3 – 5）。

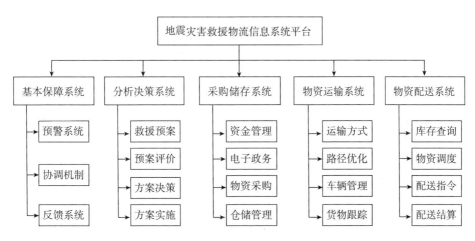

图 3 – 5　大规模地震灾害救援物流信息系统功能示意

一是基本保障系统。基本保障系统包括预警系统、协调机制、反馈系统等功能模块。

预警系统通过对各种可能发生的自然灾害等事件敏感因素设定临界指标，建立起信息系统灵敏预警反应能力，从而有效地提高自然灾害救援物流的反应速度与效率。

协调机制则主要是建立有效的协作机制和信息共享机制，以加强跨部门、跨行业的协调，通过沟通、法律和行政干预等手段共同协作和信息共享的环境，在最短时间实现社会各界、各部门、各单位和各机构的责权分配及合作。这是因为，灾害救援物流是整个社会参与的一个活动过程，需要协调才能充分发挥社会各方的能力和效率。

反馈系统是在地震灾害等突发事件的紧急状态下，迅速高效反馈救援物流措施的效果，反映救援物流系统的薄弱环节及存在的问题，从而保证能够及时解决问题，改进和优化流程、提高效率。

二是分析决策系统。分析决策系统主要包括救援预案、救援预案评价、救援物流方案选择以及方案实施等功能模块。

分析决策系统以信息网络平台积累和收集的数据基础，通过定量分析模型等方法和技术（如经济管理数学模型、数据库技术等）实现预测分析与辅助决策的功能。该系统主要包括建立完善的应急预案，运用线性规划、不确定性分析、决策树、专家评估打分对比等定量与定性分析模型与方法，对救援物流应急方案进行评估选优以及方案部署等功能模块。

三是采购储存系统。采购储存系统主要包括资金管理、电子政务、物资采购、仓储管理等功能模块。

自然灾害救援物资采购的资金来源除了政府财政支出外，还包括企业、事业等单位、公益机构以及社会个人的捐助。

救援物资的采购主要是政府采购，通过面向社会的招投标系统这一电子政务功能模块，能够更好地保证采购的公开、公平及公正。

物资采购功能模块由主要承担了救援物流采购计划、采购订单、采购合同等工作。

仓储管理功能模块主要负责物资的入库、出库、理库及盘点等工作。

四是物资运输系统。物资运输系统的主要功能包括：运输方式选择，即运用运输管理信息系统（TMS）优化运输模式组合，如空运、陆运或水运等；运输路线选择，救援物资往往包含多个供应点和需求点，物资运输的时间效率是第一目标，而在运输通道方面，地震灾害特别是大规模地震灾害往往造成正常交通的阻断或延迟，因此，应用先进的 GIS 物流软件集成技术及强大的地理数据库，以及车辆路线模型、最短路径模型、网络物流模型、分配集合模型和设施定位模型，结合具体环境，做好运输与配送网络的设计和安排，力求总体最优化。车辆管理，帮助实现基于信息化的车辆管理、驾驶员管理、运输计划、调度与跟踪、与运输商的电子数据交换（信息集成）等。物资追踪，即结合 GPS 技术实现对在途救援物资的追踪并且在必要时调整运输模式，从而增强和提高救援物流系统的柔性。

五是物资配送系统。大规模地震灾害应急救援物资配送系统的主要功能包括：向决策系统提供配送物资的信息；查询库存及配送能力发出配送指示、结算指示及发货通知；救援物资调度。自然灾害发生后，必须调用救援物资进行救援，但救援物资是有限的，为此，科学合理地进行救援物资的调度，在满足一定的约束条件（如货物需求量、发送量、交发货时间、车辆容量限制、行驶里程限制、时间限制等）下，达到一定的目标（如路程最短、费用最少、使用车辆数量尽量少等），对救援物流具有重要的意义。

3. 网络要素分析

大规模地震灾害应急救援物流网络包括基础设施网络及物流组织网络。基础设施网络是由应急物资储备库（点）、应急物流配送中心为节点，以公、铁、航等主要运输通道为脉络形成的网状结构。物流组织网络是指由执行物流活动所需的相关组织构成。

从大规模地震灾害应急救援物流网络的概念可以看出，网络中的节点和路线是应急物流网络构成的两大基本要素，是应急物流活动的基础，应急物流网络辐射能力的大小、功能的强弱、结构的合理与否都直接取决于这两个基本元素的配置情况。具体来说，应急物流网络主要是由以运输场站、应急物资储备节点等为物流节点设施的主体要素和以公路、铁路、航空、水路等为物流通道设施的支撑要素构成。这两部分共同形成一定的空间层次结构，如图 3 - 6 所示。

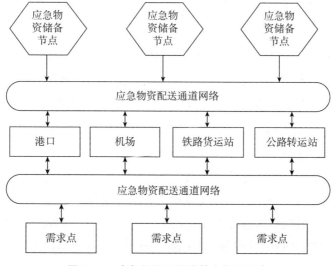

图 3 - 6　应急物流网络的基本构成要素

（1）大规模地震灾害应急救援物流节点分析。大规模地震灾害应急救援物流节点，是灾害救援物流过程中供流动的救援物资停留和储存，以便进行相关后续救援物流作业的场所。大规模地震灾害应急救援物流节点主要是建立在交通运输网络节点的基础之上，节点包括各级各类救援物资储备库，以及相关物资生产企业、商贸企业、配送中心、铁路货运站、公路货运站、港口、机场等。

应急物资储备节点分为全国性、区域型和城市型等不同等级的物流节点。其中区域型应急物资储备节点以城市群或经济区为救援范围，有较强的辐射能力和库存储备，可向省际范围的需求点提供应急物资，这种节点规模较大，所能覆盖的需求点较多，物流作业量较大。城市型应急物资储备节点以城市作为救援区域范围，一般仅有公路运输通达，具有较快的应急反应能力。

目前我国已建立了救灾储备物资管理制度，构建了救灾储备仓储网络，已形成中央级、省级、市级和县级四级应急物资储备节点体系。目前在天津、沈阳、哈尔滨、合肥、郑州、武汉、长沙、成都、南宁、西安建设有 10 个中央物资储备库。除中央级储备库外，全国 31 个省份和新疆生产建设兵团也建立了省级救灾物资储备库，部分地（市、县）相应建立了救灾物资储备库和储备点。

从目前已建和将建的中央级救灾物流储备库的分布看，大多集中在东北和中部地区，西部地区较少。由于西部灾害多发区中央级储备库数量不足，将使救灾物资运输距离过远，运输时间过长，从而影响灾害救援工作的时效。如新疆、甘肃发生重大地震灾害时，西安储备库的规模相对小，储备物资少，需要从长沙、武汉、郑州和天津储备库调运帐篷，既增加了运输时间和运输成本，又拖延受灾民众住进帐篷的时间。

应急救援物资储备节点的合理布局是大规模地震灾害应急救援物流系统正常运转的基本前提。合理规划应急物资储备节点空间布局不仅要求节点布局符合我国自然灾害空间分布规律，还要求节点布局能够适应自然灾害风险波动这一特性，可承担一定时期内发生大规模地震灾害的救援任务。

因此，为增强紧急救援期的救灾物资供应，发挥中央救灾储备库的快速供应职能，政府主管部门应遵循适应性原则、协调性原则、经济性原则、现实可操作原则，从全国布局的战略高度，优化国家救灾物资储备库和代储点的布局，增加西部救灾物资储备库或储备中心的建设，提高我国的地震灾害应急响应能力和救灾的时效性。

（2）大规模地震灾害应急救援物流通道分析。大规模地震灾害应急救援物流通道应该由服务于重要物流节点之间的通道货物运输，起点和终点的货物处理组成的具有典型点轴式布局结构的通道。离开畅通的物流通道，应急救援物流体系就是僵死的系统，无法运作。

大规模地震灾害应急救援物流通道包括通道设施和设备两方面。应急救援物流通道基础设施建设应重点贯彻平急结合、注重效率的原则，立足未来可能需求，搞好应急物流通道基础设施的常态化建设。加快综合交通运输系统的建设力度，加快铁路、公路、航空、水运、管道的建设发展。应急救援物流通道建设应主要贯彻土洋结合、讲求实效的原则，既要配备发展建设高精尖的设备，为应急物流通道提供信息化、机械化、自动化的保障手段，又要立足复杂恶劣环境的实际，从简便实用出发，配备必要的使用便捷设备。当大规模地震灾害发生后，应急救援物资首先通过已有通道运送，若已有通道遭受破坏，则需要权衡被破坏的程度及修复速度，判断是否修建临时通道。

根据目前我国道路交通现状及未来发展规划，从总体上看灾害救援通道网络覆盖了我国绝大部分地区。特别是经济发达的东部地区，通道密度相对更高。西部地区由于地形地貌特点，则主要通过公路及机场建设，以公路和航空通道覆盖。由于管道通道的固有特点，其在灾害救援物流中几乎不采用。

虽然我国在物流通道建设方面取得很大发展，但当发生大规模地震灾害时，公路、铁路、机场等很有可能受到破坏，使通道出现梗阻，影响灾害救援工作的顺利进行。

如汶川大地震，通往灾区的道路几乎全部破坏，严重制约救援物资特别是大型救援设备到达灾区，许多生命被压在断壁残垣的废墟下得不到及时救助而消失。为了及时抢救生命，特别是在"黄金72小时"内将尽可能多的救援人员和救灾物资及时的运输到被困的灾区，将挖掘机、起重机等大型救援设备运进重灾区，及时实施抢救。这时开辟空中通道是唯一有效的选择，这需要能够起吊设备的重型运输起重机。然而，令人遗憾的我国严重缺乏运输直升机，特别是重型运输直升机。地震发生后，由于道路严重被堵，武警官兵不得不徒步急行军80多公里进入灾区实施徒手救援，救援效率可想而知。

为此，公路、铁路等通道管理部门应进一步加强应急预案编制。根据《中华人民共和国突发事件应对法》及《国家突发公共事件总体应急预案》，对各自所辖公路、铁路等应对自然灾害制定和完善专项预案及部门预案，针对相应自然灾害，就监测预警、信息通报、应急响应、组织指挥、运行机制、应急处置、应急保障、监督管理等方面做出具体详细的规定，充分做好抢险救灾的人、财、物、通信等保障，未雨绸缪。当自然灾害袭来，能够临危不乱，从容应对，为灾害救援提供畅通的救援通道。

3.2.3 大规模地震灾害救援的系统特性分析

从狭义上来说，大规模地震灾害应急救援可以理解为迅速搜索并抢救被埋压以及其他被困人员的过程。广义上说，大规模地震灾害应急救援还包括衣、食、住等相关物资的补给、医疗、通信、交通等一系列措施。大规模地震灾害应急救援一般为10天左右。10天之后，灾区应急救援工作将进入恢复重建期。在应急救援期内，每天的救援工作重点也略有不同，各有侧重。一般来讲，地震发生后72小时的主要任务是迅速搜索并抢救被埋压以及其他被困人员，其次2~3天的主要任务是有效治疗伤员，需要深度治疗的灾民则迅速安排转移住院，最后的工作重心是完成灾民生活安置，例如水、方便食物、帐篷、衣物、棉被的供给等。通过对于现有的大规模地震灾害应急救援的资料的分析，结合对5.12大地震灾区实地调研的数据同其他自然灾害性比较，大规模地震灾害应急救援有以下特性。

1. 参与救援主体的多样化

经过长期的发展与探索，尤其是经历了汶川和玉树地震之后，中国已建立起较为完善的大规模地震应急救援体系。训练有素、装备精良的救援队伍在实施大规模地震应急救援的过程中发挥着不可替代的作用。中国大规模地震的救援工作主要由部队、消防、警察、医疗机构以及志愿者等承担。

此外，我国还成立了国家地震灾害紧急救援队（对外中国国际救援队，简称"CISAR"），该救援队组建于 2001 年 4 月，由中国地震局和中国人民解放军总参谋部共同管理调用，建制 222 人，汶川地震后扩编为 480 人，2009 年 11 月通过联合国国际重型救援队分级测评，获得国际重型救援队资格认证，成为亚洲第 2 支国际重型救援队，进入国际一流行列。救援队主要任务是：利用先进仪器、设备和技术对因地震灾害或其他突发性事件造成建（构）筑物倒塌而被压埋的人员实施紧急搜索与营救，同时进行急救医疗；救援精神是：团结协作、不畏艰险、无私奉献、不辱使命；救援理念是：安全和医疗贯穿科学救援的全过程，保证队员无伤亡，最大限度解救受困者。救援队已执行多次国内和国际救援任务，赢得了国内外广泛赞誉。

社区志愿者也是实施大规模地震应急救援不可忽视的力量。社区并非特指城市的区委会辖区社区，应包括城镇社区和农村社区。社区居委会（村委会）或街道办事处（乡镇政府）负责地震应急与救援志愿者队伍的组织和管理工作，地震部门对社区志愿者地震应急与救援工作给予指导、支持和帮助。

社区志愿者地震应急与救援是一个社区内，在破坏性地震发生后，能够迅速组织有一定的专业知识、专业技能的社区志愿地震应急与救援队伍，开展互帮互助、自救互救的救援活动并且采取措施协助政府和有关部门防止地震灾害扩大，迅速恢复社区秩序，对震后恢复重建工作提供支持的志愿者队伍。

地震应急与救援的实践证明，灾区基层组织和公众的自救互救是在破坏性地震发生后及时拯救生命、减轻灾害损失的有效措施。社区志愿者地震应急与救援队伍建设，对减轻地震灾害造成的伤亡和财产损失的有效措施、保障社区安全具有重要意义。

2. 信息是一切救援工作的基础

在大规模地震灾害应急救援的过程中，必须迅速搜集和传播灾害和损害的信息，以掌握和分析灾情，进而指挥和调整救援工作。但不同的救援阶段对于信息的需求是不同的，是不断变化的。即从大规模地震发生后到救援结束，每个救援时期的工作重点和目标是不同的，而需求信息也应该随之不断地更新，尤其救援的初始阶段是抢救生命的关键时期，更应该注重对信息的选择和更新来更好地服务于救灾工作。此外，也应注意信息的交付时机。如果信息交付时间过晚，可能无法被用于防止损害或损失，而如果太早，则有可能被忽视，也达不到预期的效果。此外，过多的信息短时间内大量集中也会对救灾工作造成一定的阻碍。

3. 应急救援具有很强的时效性

大规模地震发生之后，一般来说，都会有无数灾民的生命和财产安全受到巨大的威胁，即便是没有被困的灾区人员，也会有不同程度的创伤。如果他们被救助及时，死亡率会极大地下降，时间就成了挽救生命的重要量度。即要在尽量短的时间内付出尽量大的努力挽救尽量多的生命。因此时效性强就成了应急救援的突出特征。也就是说，应急救援行动开展的越早，越能帮助更多的受困者，救援行动的结果就更好。

4. 协调性强

协调性强主要有两层含义：一方面指救援人员包含的各个主体之间的协调性；另一方面指救援人员与被救助人员之间的协调性。大规模地震发生之后，其巨大的破坏力使其波及范围极广，从而使得涉及救灾过程的主体较多，主要包括救助对象和救援者。其中，救助对象主要是指受伤人员以及被困人员。救助者的范围则较为广泛，主要包括专业救援队、消防人员、部队、民兵、志愿者、社会公益组织等个人和团体。要保证救援工作的顺利进行，就必须使这些救援者统一指挥，行动协调。同时，对于刚刚脱困的救援对象来说，也要安抚他们的情绪，使其配合救援行动更加协调的开展，从而促进救援行动更加高效的开展。

5. 专业性强

专业性强主要是指救援人员的专业素质、救援设备的现代专业化以及救援设备专业化的操作人员。1976 年 7 月 28 日凌晨 3 点 42 分，唐山市丰南一带发生里氏 7.8 级大地震。造成 242769 人死亡，435556 人受伤。震中烈度Ⅺ度，震源深度 23 千米的地震。地震持续约 12 秒。有感范围广达 14 个省份，其中北京市和天津市受到严重波及。强震产生的能量相当于 400 颗广岛原子弹爆炸。整个唐山市顷刻间夷为平地，全市交通、通信、供水、供电中断。在此次唐山大地震救援中，在没有大型起重工具的情况下，解放军战士用双手拨开重物救出了 16000 多人。显然，这样的救援效率相对较低。而在 2008 年四川汶川地震和 2010 年青海玉树地震的救援行动中，大量现代的专业化的设备都被用于救援，极大地提高了救援效率。但与此同时，救援设备专业操作人员的培训工作并没有受到重视，从而造成救灾过程中有现代专业化的救援设备但无操作人员的尴尬。

3.3　大规模地震灾害救援现状分析

3.3.1　大规模地震灾害救援的运作机制

中华人民共和国成立以后，对地震应急机制的主体的基本要求是：广泛发动、分工负责、相互协作。根据在救灾活动中的职责、角色和作用等方面的差异，可以将应急机制的主体分为：政府组织、非政府组织和其他主体（主要涉及军队、企业、灾民和社会公众）。目前，我国的救灾工作已经基本形成了按照"统一指挥、反应灵敏、协调有序、运转高效"原则建立的应急管理机制。

我国政府在地震应急机制中起主导作用。特别重大突发事件发生后，国务院作为国家突发事件应急管理的最高行政领导机关，一般通过成立或启动非常设机构或临时指挥机构的方式，来协调国务院各部门之间的关系，如汶川地震发生后国务院成立了"抗震救灾总指挥部"（以下简称

"指挥部模式")。同时，国务院还在国务院办公厅设置了国务院应急管理办公室，承担应急管理的综合协调职责。

根据《国务院关于议事协调机构设置的通知》规定，国务院抗震救灾指挥部在国务院机构序列中属于国务院议事协调机构，具体工作由中国地震局承担。

何谓议事协调机构？"国务院议事协调机构和临时机构是中华人民共和国国务院属下负责特定任务的非常设机构，其具体工作一般由相关常设机构承担。"国务院抗震救灾指挥部作为议事协调机构，根据有关规定，不设立实体性的办事机构，仅在国家地震局设立国务院抗震救灾指挥部办公室，只有在地震发生后，经国务院批准，由平时领导和指挥调度防震减灾工作的国务院防震减灾工作联席会议转为国务院抗震救灾总指挥部，负责地震灾害的应急和救助工作。

抗震救灾指挥部的组成人员一般包括：国务院总理、国务院副总理、国务院秘书长、国务院各相关部门的负责人。一般由国务院总理任总指挥，国务院副总理任副总指挥。指挥部的工作方式主要是召开会议，根据突发事件的实际情况和进展，确定具体方针政策，安排部署和统一协调各部门的工作。

在指挥部模式下，部门关系的协调是一个复杂的问题，存在着两个层面的协调。第一个层面是应急决策和部署方面的协调，通过成立抗震救灾总指挥部，将各部门的救灾工作集中统一到指挥部的旗下，指挥部发挥神经中枢的作用，确定应急管理的方针政策，这一整体和宏观上的协调是通过总理的职权来保证和完成的，而总理的职权是由宪法和相关的组织法授予和保障的。根据宪法，国务院实行总理负责制，总理领导国务院的工作。因此，一般由总理来担任抗震救灾指挥部的总指挥，目的就在于总理可以通过其职权调动各部门的力量参与应急管理，各部门要接受总理的领导。除此之外，还由副总理来担任抗震救灾总指挥部的副总指挥。由副总理担任副总指挥，有利于其分管的部门相互之间的协调以及与其他部门之间的协调。

第二个层面的协调，是应急决策和措施执行方面的协调。应急决策的执行一般采取设立工作组的形式，以汶川地震为例：国务院发布了"关于国务院抗震救灾总指挥部工作组组成的通知"。该通知指出国务院抗震救灾总指挥部决定设立工作组并确定了每个工作组的工作职责，牵头单位和成员单位，具体结构如图3-7所示。

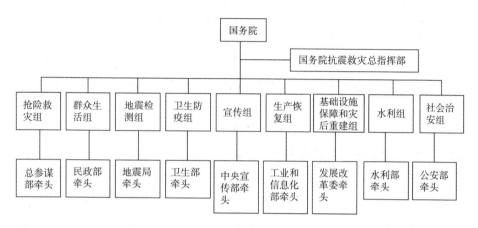

图 3-7　汶川大地震抗震救灾总指挥部结构

各工作组的牵头单位和参加单位都是各部委，这就存在小组内部各部门的关系如何协调的问题。在应急实践中，各小组的工作方式主要是召开会议，如以水利组为例，水利组内部各成员单位关系的协调主要是召开部际联席会议，定期在水利部召开成员单位协调会议，由各成员单位通报、会商有关的工作情况；加强日常信息沟通和联系及时向国务院抗震救灾总指挥部报送水利组工作进展和动态；遇有紧急情况，随时召集成员单位会议等。

芦山地震应急机制则更强调属地管理原则：国务院虽然成立抗震救灾指挥部，但并未扮演主要角色，在应急响应组织网络中未占据主导地位。四川省人民政府，"四川省抗震救灾指挥部"如图3-8所示，四川省民政、卫生、交通、住建、公安、武警等部门在应急响应组织网络中占据主导地位。显示了中央政府在地震应急管理中的适度"退后"。

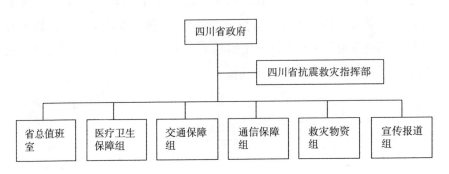

图3-8　芦山大地震四川省抗震救灾指挥部结构

芦山地震应急救援更符合我国"建立健全分类管理、分级负责、条块结合、属地为主的应急管理体制"要求。

以上是政府在地震应急中的表现，而应急机制的主体还包括非政府组织和其他主体。目前，我国非政府组织作为发展领域里的新的重要角色，已经在很大程度上得到了政府和公众的承认。在救灾活动中，非政府组织具有很大的灵活性和适应性，反应性较快，能迅速采取行动。一般既能深入到社会基层的民众中间，又能同政府保持较密切的关系，它发挥着独特的作用，是对政府活动的重要补充。我国现在已经制定了《公益事业捐赠法》《社会团体登记管理条例》和《救灾捐赠管理暂行办法》等有关政策法规，鼓励和规范民间组织参与救灾工作，许多公益性组织得到了良性发展，在救灾中发挥了积极作用。我国的非政府组织主要包括：慈善机构、志愿者组织、社会团体、行业学会等组织，如中国红十字会、中国扶贫基金会、中华慈善总会、环境保护组织等。

在整个地震应急过程中，仅仅依靠政府和非政府组织是做不好工作的，还必须充分依靠其他主体的共同参与，如军队、企业、灾民和社会公众等。国务院第号令发布的《破坏性地震应急条例》中规定："任何组织和个人都有参加地震应急活动的义务。中国人民解放军和人民武装警察部队是地震应急工作的重要力量"。由此可见，从法律上讲，军队是救灾活动中的主力军，救灾是军队义不容辞的责任，参加抗震救灾是我国军队的一项重要任务。在政府的组织下，军队能够快速地投入到抗震救灾中，协助地方政府抗御灾害、抢救人员、进行抗灾救灾紧急工程的建设、帮助灾区恢复生产、重建家园等方面发挥着重要作用。企业作为社会生产能力最强的环节，在救灾中发挥着非常特殊和重要的作用，主要体现在：一为救灾活动生产急需物品和提供必要的服务；二是组织员工设备参与救灾抢险活动；三是捐钱捐物支援灾区救济灾民等活动。灾民并非单纯的受救助对象，同时也是抗震救灾活动中的主体，灾民必须充分发挥主观能动性，设法减轻灾害造成的损失，灾后努力自力更生，恢复生产。在抗震救灾活动中，我国人民一直保持着"一方有难，八方支援"的优良传统，为灾民暂时解决吃、穿、住、行等基本生活问题，社会公众是抗震救灾减灾工作中的强大后盾。

3.3.2　大规模地震灾害救援中的主要问题

近年来，我国相继发生了"512"汶川地震和"414"青海玉树地震两大地震灾害，对国家经济、人民生活以及生命财产安全造成了极大的威胁。所以，目前国家及地方各级政府都在积极建立大规模地震应急救援预案的同时，也在不断地完善应急物流系统。

大规模地震应急救援物流作为现代物流所衍生出来的新生代事物，属于特种物流，是为应对大规模地震救援提供物资支援的物流分支。大规模地震应急救援物流在我国尚属一个新兴概念，我国大规模地震应急救援物流管理体系还不是很完善，对其研究还有待加强。目前，我国大规模地震应急救援物流管理尚存在一些问题，主要可以归结为以下几方面。

1. 应急物资保障机制不健全

在对"512"汶川地震灾区的抗震救灾指挥及救援人员的访谈中发现，我国大规模地震应急救援物流管理中存在快速应急反应机制不健全、缺乏理性的应急管理思维模式、应急救援物流资源不充分、灾害现场混乱等低效的物流系统模式等现象。也就是说，并没有意识到传统物流系统所形成的固有物流运行机制已经不能满足应急救援状态下的物流需求。例如，大规模地震发生后，在灾区经常会出现帐篷短缺的情况，但这并不意味着物资的缺乏，而是由于帐篷是分离运输，到达后再进行组装的。而往往会在物资到达后发现只有支架，这样不但浪费了物资，还浪费了救援时间。

2. 政府部门与社会组织的联动互动性缺乏

大规模地震发生后，政府部门自从上而下的建立应急指挥中心，协调和管理应急物资的存储、运输和配送外，还应当加强与一些社会组织的联系与合作。例如，"512"汶川地震部分重灾区为险峻的山区，普通救援人员有心无力，而现在有很多登山爱好者，他们的登山技术和设备都具有很大的优势。

3. 信息系统不完善

信息系统是大规模地震应急救援的神经系统，是指挥调控物流流向和流量的中枢，是现代大规模地震应急救援物流赖以生存和发展的重要条件。因此，许多学者对物流信息系统的研究都集中在增加应急救援物流信息系统硬件建设、加强应急救援物流信息化模型的设计以及强化应急救援物流信息人才的培养等方面。

第 4 章

大规模地震灾害救援物资需求分析

4.1 大规模地震灾害救援物资需求概述

4.1.1 大规模地震灾害救援物资概述

应急救援物资指在大规模地震灾害发生后，能够调动用于灾害救援、恢复重建的所有资源。广义的应急物资包括防灾、救灾、恢复等环节所需要的各种应急保障；狭义的应急物资仅指灾害管理所需要的各种物资保障。

应急救援物资的储备，是救援过程中实施紧急救助、安置灾民的基础和保障。大规模地震灾害不仅具有涉及面广、破坏性大的特点，还具有不确定性、突发性强的特征。因此事先做好各种抗灾救灾的应急预案、加强各种应急物资的储备至关重要。在遇到大规模地震灾害时，应急物资储备的重要性逐渐凸显出来，在应对重大应急事件的过程中，应急资源不仅需要动员社会力量紧急筹措，还需要建立门类齐全的应急救灾储备体系，保障及时提供抗灾的技术、人力和物力的支持，从而提高抵抗大灾的应急救助水平。

由于灾害发生种类繁多，而且对于同一灾害中需要的物资种类相对较多，这就导致了应急物资种类繁多的特性。应急物资的价格不同，库存数量也不等，有的物资的品种不多但价值很大，而有的物资品种很多但价值不高。国家应急物资储备部门的资源有限，对所有库存品种均给予相同程度的重视和管理是不可能的，也是不切实际的。为了使有限的时间、资金、人力、物力等企业资源能得到更有效的利用，应对应急物资的需求进行分类，将管理的重点放在重要的库存物资上，进行分类管理和控制。

4.1.2　大规模地震灾害救援物资分类

2010 年 4 月 14 日，中国青海省玉树藏族自治州玉树市发生 7.1 级地震后，来自四面八方的社会各个阶层的救援力量紧急赶赴灾区踊跃参与救援，与此同时，社会各界向灾区应急救援物资的捐献也迅速展开，如表4-1 所示。

表 4-1　　　　玉树地震后 4 月 14 日部分捐赠物资统计

物资来源	救援物资类别
青海省民政厅	1000 万元救灾资金,紧急调拨棉帐篷 5000 顶、棉被 10000 床、棉大衣 5000件、应急灯 200 盏、行军床 50 个
民政部	20000 顶棉帐篷、5 万件棉大衣和 5 万床棉被
青海省卫生部门	紧急动员 400 名医务人员、9 辆大巴及若干药品、血浆前往灾区,同时,联系卫生部门派遣专家及省内力量赶赴玉树做好传染病防治和灾区卫生工作。此外,还紧急向灾区救援队伍提供 1 万份抗缺氧宣传材料和需用的抗缺氧药品、氧气瓶
北京市委、市政府	1000 万元,1 万顶帐篷、2 万张床、10 万件棉被等
湖北省	1 万件棉大衣
中国红十字基金会	紧急拨付 100 万元善款至青海省红十字会,用于青海玉树震区购买灾民急需的帐篷、棉衣、棉被、食品等生活必需品
中国南方航空公司	紧急将两架 A320 飞机调往灾区执行救援任务,第一架救援包机载着 157 名公安消防部队官兵、2.2 吨生命探测仪等设备。另一个救灾包机航班运送100 多名消防部队官兵飞往灾区

从表 4 - 1 中可知，一旦发生大规模地震，帐篷、棉被、食品、常规救灾器材等物资是大家捐赠物资的首选。即使这样，地震发生一天之后，国务院抗震救灾总指挥部办公室仍然同苏、浙、闽、鲁、粤 5 省民政厅商请，为玉树地震灾区提供救灾应急物资，称 "目前灾区食品急缺。抓紧组织捐赠或通过紧急采购方式，各帮助解决 30 吨面包、饼干、方便面、火腿肠等即食食品，并组织空运到西宁"。从这点来看，帐篷、棉被、水、方便食品、药品、紧急救援设备等物资是大规模地震发生后必需并且急缺的物资。本书结合各种应急物资的性质、特点以及物资之间的种属关系，为方便物资的需求预测、分级、筹集、配送等一系列的救灾工作，按照大规模地震发生后不同应急救援物资需求的紧急程度不同，将应急救援物资分为 3 大类，每一大类细分为若干小类。

第一类是医药类物资。大规模地震发生之后，第一时间抢救和治疗灾民，防止各种疾病的传播与蔓延，就需要多种医药类应急救援物资。医药类应急救援物资对存储条件要求较高并且只有药品易于保存，医疗器械类物资目前只能依靠临时向其他地方抽调和社会各界的捐助。

大规模地震往往瞬间就能造成大量人员伤亡，有时其伤害还可能延续相当长的时间。及时、合理、有序地提供相应的药品以及其他医疗物资保障，是减少人员伤亡的重要因素之一。地震受灾地区的常规医疗用品（主要指常规药品和急救用品）的需求量与受伤人数有关，特殊药品和医疗器械的需求量则与疾病的类型和救援阶段相关。

第二类是生活用品类物资。在调配应急救援物资的过程中，保障受灾地区的群众基本的生活需要是一切工作的核心。生活用品类应急救援物资指的是在大规模地震灾害救援的过程中，受灾地区群众和救援人员都急需的生活用品。它的一般特点是需求数量大，种类多、储存、管理等容易实现并且自身单位价值量不是很大，在大规模地震灾害的物资保障中，绝大部分都会被使用。

第三类是专用救生类物资。专用救生类器材不仅包括大型的机械设备，还包括体积相对较小但单位价值较高的设备。例如地震灾害过程中需要千斤顶、挖掘机、生命探测仪、起重器等。基于此，本书将这些大规模地震后紧急消费性物资分为 3 类，应急物资具体分类情况如表 4 - 2 所示。

表 4 - 2　　　　　　　　　　　紧急性救援物资分类

类别	紧急救援需求物资
药品类	外伤用药、防疫用药、消炎药、消毒液、促凝血药、血浆成分以及血浆代用品等医疗药品和担架、急救工作台、夹板等应急医疗器械
生活用品类	帐篷、棉被、水、方便食品等
专用器械类	地震救生器械、生命探测仪器、破拆工具、顶升设备、起重设备、发电设备、挖掘设备

按照需求特征对紧急性消费救灾物资进行分类，可以为以后救灾物资科学合理供给、存储和配送提供一定的理论参考。

4.1.3　影响大规模地震灾害救援物资需求的因素

大规模地震灾害应急救援物流活动受到众多因素的影响，主要的影响因素一方面来自灾害自身，另一方面则是来自应急救援物流系统。

1. 大规模地震灾害自身影响因素

针对不同的大规模地震灾害，所需的应急救援物流管理系统也是不同的。从大规模地震灾害自身的角度分析应急救援物流的影响因素，主要包括灾害类型、灾害规模、灾害发生区域等方面。

（1）大规模地震灾害的类型。大规模地震灾害的类型不同，所造成的危害就不同，对救援物资的需求就不一样。地震灾害通常会对道路造成严重破坏，直接影响救援物资的运送，进而影响灾害救援工作，这时对抢通道路的专业设施设备的需求就非常突出。同时，由于地震造成的房屋严重破坏，余震存在的房屋居住危险，使得对帐篷的需求也会加大。

（2）大规模地震灾害的规模。大规模地震灾害发生的规模和强度不同，生命和财产遭受的危害程度也不一样。灾害的规模越大，对生命财产的危害越大，对物资的需求也越大，对应急救援物流实施的要求也越高。由于大规模地震灾害的发生对道路交通、通信设施设备等造成破坏，其严重程度也直接影响着道路交通、通信设施设备的损坏程度，而这些又直接影响着救援工作的开展和推进。

（3）大规模地震灾害发生区域。大规模地震灾害发生区域不同，对救援运输方式、运输路线等的选择不同。充分考虑发生区域的地形地貌特征、道路交通条件，制定与之适应的物流运输方案，将直接影响物流的调度与决策，影响整个应急救援物流实施的效果。

2. 大规模地震灾害应急救援物流系统的影响因素

物流作为一个复杂系统，本身就包括众多要素。从大规模地震灾害应急救援物流系统的角度分析应急救援物流的影响因素，主要包括应急救援预案、信息、设施设备、物资供应、物资储备、物流配送、物流组织保障等方面。

（1）大规模地震灾害应急救援预案。应急救援预案是针对可能发生的事故，为迅速、有序地开展应急行动而预先制定的行动方案，对突发事故起到基本的应急指导作用。完备的应急救援预案确定了应急救援的范围和体系，使应急管理有可依、有章可循。有效的应急救援预案有利于做出及时的应急响应，可以指导应急救援迅速、高效、有序地开展，将事故造成的人员伤亡、财产损失和环境破坏降到最低限度。对应急救援预案的发布、宣传、演练、教育和培训，有利于促进各方提高风险防范意识和能力。

（2）大规模地震灾害应急救援信息。在发生大规模地震灾害后以及出动救援队伍进行救援过程中，各类内在和外围信息非常繁多和复杂，信息能否准确、及时地传递对整个救援行动成败起着非常重要的作用。准确的信息传递是合理开展应急救援物流活动的基础，特别是大规模地震灾害发生初期，在救援资源有限的情况下，能够实现各种物资的最大化利用。及时的信息传递则是应急救援物流快速响应的必要条件，随着时间的加长，信息的价值不断降低，尤其是黄金救援时间内传递的信息表现出的价值最高。此外，信息传递的途径也是直接影响应急救援物流活动的重要因素，常规的通信基础设施在灾害发生后容易出现损毁与过载，如果存在应急专网等非常规的信息传递途径，则可以有效解决物流过程中的信息传递问题。

（3）大规模地震灾害应急救援设施设备。大规模地震灾害发生后，面对各种复杂的危险性，通常需要使用大量种类不一的应急救援设施设备，例如拆除、高空抢险、建筑抢险、地下救治、消防、个人防护、医疗支持、通信联络等专业设施设备。这些专业设施设备能够提高应急救援能力，保障救援工作的高效开展，迅速化解险情，控制事故。尤其是它们的数量、技术水平更是直接影响着应急救援活动。此外，有了先进的设施设备，不能根据现场的各种情况正确使用，发挥其最大的功效，那么再好的设施设备其功能也会大打折扣，甚至严重影响救援的效果。因此，必须加强员工教育培训，做到会检查、会使用、会维护、常见故障会排出，特别是在特殊情况下仍能高效实用。

（4）大规模地震灾害应急救援物资供应。应急救援物资是应急救援物流体系运作的基础。物资供应的主要目的是最大限度的满足受灾地区的物资需求，提高救援效率，发挥物资最大效用值，减少人员和财产损失。灾害事故发生后不同的救援物资在不同的救援时段内发挥的作用是不相同的，相同时段内不同区域的灾害其物资需求也是不相同的，保障应急救援物资的需求与供应相匹配是物资供应的重要内容。在实际物资调度管理过程中，容易出现的数量错误、物资丢失、调度混乱等问题也对应急救援物资的供应产生很大影响。

（5）大规模地震灾害应急救援物资储备。救援物资储备主要目的是确保在不同的救援阶段内物资供应充足，尤其是黄金救援时间内救援物资供应更应充足，预防出现物资短缺的现象，做到有备无患，时刻为救援工作顺利开展、缩短物资供应时间提供有效的后勤保障。物资储备的品种、数量、结构、储备库布局等合理与否，均直接影响着灾害救援工作的时效。由于储备空间的有限，类似合同储备、登记储备等新型储备方式也成为应急救援物资储备体系的重要组成部分。特别是对于药品、专业救援设备等特殊物资的登记，在大规模地震灾害应急救援过程中往往发挥重要作用。

（6）大规模地震灾害应急救援物流配送。应急物资想要及时、准确地送达到灾区以及灾民手中，就必须依靠强大的配送体系作为有力保障，由此可见，大规模地震灾害应急救援物流体系中的配送体系十分重要。在规划确定了应急救援物资储备节点以及各节点物资储备种类、数量的基础上，一旦灾害发生，如何科学选取物资的集散点、运输方式、优先配送物品，在最短时间内、以最快的速度、运送最多的应急救援物资就成为抗灾救灾工作的一个重要保障，特别是在灾害造成既有运输路径毁坏的情况下，还需要根据受损道路的重要程度、修复时间、修复进度等因素，随时对运输路径、配送调度做出动态调整。一些非常规运输通道也是实际应急救援物流配送中需要考虑的重要内容。

（7）大规模地震灾害应急救援物流组织保障。在整个救援物流过程中，能否对救援物资的运输、储存、装卸、搬运、包装、配送等进行有效的组织与管理，在有关部门之间、中央与地方及有关企业之间进行有效的指挥与协调，直接影响着应急救援工作能否及时顺利进行。应急救援物流组织与协调是救援物流效率的保障。

4.2　大规模地震灾害救援物资需求的特点

4.2.1　突然性和弱预测性

大规模地震往往带有突发性，即它往往会在极短的时间内带来严重的破坏性损失。例如，无数的房屋被毁、桥梁坍塌等。同时，部分灾民被埋压甚至死亡，在极短的时间内给国家和人民带来了包含人、财、物等的巨大损失。为了使得这种损失降到一个尽可能低的程度，就需要保证在尽可能短的时间内搜集尽可能多的急需应急救援物资。此外，由于受到大规模地震形成原因的多样性、爆发的突然性以及灾区情况的复杂性等因素的影响，精确预测大规模地震应急救援物资需求的种类、结构以及质量的机会是微乎其微的。正是这些原因大规模地震发生之前的常规存储不可能满足应急救援的需要。当然，大规模地震发生之后，也不可能瞬间或者短时间内搜集到所需求的所有应急救援物资以及救援设备。而是随着救援的深入，灾区对应急救援物资的数量、质量和结构的需求会逐渐明朗并且相对恒定。此时，大规模地震应急救援物资的需求突然性和弱预测性则不再明显，逐渐的减小最后甚至消失。

4.2.2 不确定性和动态变化性

应急救援物资需求的不确定性主要表现为不完备性、随机性以及较低的可靠性。这里的不完备性主要体现为信息不完整，即信息的缺失。这是因为大规模地震往往会造成受灾地区的社会秩序极其混乱、交通不畅、通信几乎完全中断，从而导致不能及时、全面地向上级负责人或者外界传送灾区的信息，应急救援指挥中心没有全面的灾区信息就很难在整体上就应急救援行动作出安排，主要是对应急救援物资需求的预测产生极大的影响。随机性主要是指大规模地震的发生时间、地点、强度及其破坏力等都很难提前做出预测。可靠性较低主要包含两个方面的含义：一方面是指信息来源的可靠性较低。大规模地震发生之后，部分应急救援物资的需求信息时并未得到证实就传播开来，这种信息多数是在情况灾区情况还不明朗的条件下提供的，缺乏一定的科学性和可信度。而应急救援的特点有决定了没有大量的时间来核实信息的准确度和可靠性。另一方面是指应急救援物资需求和供给信息的不平衡。同一般的商业物流需求的信息相比，应急救援物资需求信息的提供者并不是消费物资的人，而是搜集大规模地震信息人员、应急救援人员、慈善机构等参与救援的人员，这种模式常常导致不对称供给和需求信息的出现。此外，应急救援物资的需求在大规模地震应急救援的过程中不是恒定的，而是一个动态变化的过程，其动态性主要表现在两方面：一方面是随着应急救援行动的深入进行，应急救援物资需求也会随之发生变化，有些物资可能不再需要或者需求减少。相对应的，可能会对新的物资产生需求。例如，应急救援初始阶段，一些轻伤患者在经过治疗之后已经康复，对救援物资的需求种类以及结构都发生了变化。相反，当长期处于重灾区或者被困而未能及时发现得不到及时治疗的伤患，就有可能导致死亡，这时提供医疗类应急救援物资已经没有意义；另一方面是灾区相关信息随着应急救援工作的开展而不断丰富和准确，应急指挥部可以更加准确地把握，科学的、合理的动态调整应急救援物资的需求。

4.2.3　时效性和滞后性

对于应急救援行动来讲，时间就是生命线。保障受灾地区人民群众的生命延续及其安全是应急救援物资的主要功能。受灾群众越早拿到应急救援物资，他们的生命就能越早得到更多的保障，从而有效地防止灾情的恶化，避免应急救援物资缺乏而造成的不必要损失。不同于一般意义上的商业物流需求，应急救援物资需求如若不能及时得到满足，造成的后果是无法挽回的。然而，与之相矛盾的是，大规模地震的发生必然会导致道路拥堵甚至中断，桥梁倒塌等问题，而这些又为应急救援物资及时送到灾民手中造成了一定的阻碍，从而导致应急救援物资获得的滞后性。

4.2.4　多样性和关联性

大规模地震所带来的破坏是多种多样的，而为了修补或者挽救其所带来的损失，对于应急救援物资的需求也是多种多样的，范围极为广泛。与此同时，不同类型的应急救援物资之间又具有一定的关联性。一般情况下，我们要求应急救援物资不但要满足数量上的需求，还要满足质量和结构上的需求。如果三者之间不能有效结合，不但对应急救援毫无益处，还会造成应急救援物资、物流等各方面的浪费。例如，大规模地震之后，一些重伤员急需进行手术和大量输血，即便拥有再完备的手术设施，没有合适的血液，也很难成功的实施手术。不但伤员无法得到救治，也在一定程度上浪费了医疗设施。

4.2.5　强制性和社会性

大规模地震应急救援具有一定的法律约束。国家出台了一系列的政策法规来明确规定各个参与主体在应急救援过程中的责任和义务，具有法律的约束力。大规模地震的应急救援，通常是由各级地方政府部门统一负责，消防、军队、医疗、交通等多个部门协同运作，共同应对大规模地震的救援工作。同时，又由于各类社会非政府组织、团体，例如红十字会、各类志愿者、公司以及个人等各种个人和组织参与到应急救援的过程中，使得应急救援工作明显成为一个社会的各个阶层民众普遍共同参与的社会公共性过程，即具有非常明显的社会性。

4.3 大规模地震灾害救援物资的需求规律分析

4.3.1 药品类救援物资的需求规律分析

在大规模应急救援的初始阶段，大量的受伤人员以及被困人员都需要被治疗，从而对医药类应急救援物资的需求就会迅速增长。随着应急救援行动的深入，部分伤员会逐渐康复，此外，还有部分重伤患者会被分流送往未受灾地区接受治疗，此时对医药类应急救援物资的需求会达到一个相对稳定的水平，即大规模地震应急救援阶段对医药类应急救援物资的需求变化曲线呈现饱和的"S"形。

1837 年，德国的生物学家弗赫斯特（Verhulst）推导和研究用非线性微分方程来描述和模拟生物种群的增长，即 Verhulst 模型。该模型主要用来刻画一个动态发展的过程，过程在初期的发展主要表现为指数快速增长，随着时间的推进，不断受到外在因素的干扰，增长速度呈下降趋势，最后阶段逐渐形成一个稳定值。也就是说，该模型主要被用来描述呈现"S"形的灰色动态变化过程。

因此，采用灰色 Verhulst 模型对大规模地震应急救援医药类应急救援物资的需求进行预测，可以很好地贴合其变化趋势对其进行预测。

4.3.2 生活类救援物资的需求规律分析

在大规模应急救援的过程中，在初始阶段，生活用品类应急救援物资主要的供给对象是未被掩埋的幸存者，对于他们来讲，急需得到应急救援物资来维持生命。但是随着救援时间的推进，不断地有被困的灾民和受伤群众被发现，此时应急救援物资不但要满足他们维持生命的需要，还要注重应急救援物资的质量、结构等。也就是说，生活用品类应急救援物资的需求呈现出阶段性变化的特点。

在实际的新陈代谢 GM（1，1）建模过程中，在原始数据序列中分阶段抽取部分数据来建模并且在抽取数据的过程中不断地淘汰旧数据，加入新数据，这样就可将不同阶段的不同情况、不同条件反映在模型中。

采用新陈代谢 GM（1，1）模型对大规模地震生活用品类应急救援物资进行预测，可以将不断变化的地震灾情考虑及时地反映到模型中，大大地提高了模型的预测精度。

4.3.3　器械类救援物资的需求规律分析

大规模地震发生之后，地震的强度和烈度不同，不同地区的地形、房屋结构，受灾面积不同，所需要的专业应急救援器械也会有所差别。因此，大规模地震之后专用救援器械类应急救援物资的需求受到地震的震级、地震持续时间、地震发生地区的人口密度以及当地建筑物的抗震等级等因素的影响。

灰色关联模型即建立了不同地震同目标地震的关联度，寻找与目标地震在这些差别因素上最为相似的地震，从而根据已发生地震的专用救援器械类应急救援物资的需求来预测目标地震的专用救援器械类应急救援物资的需求情况。

灰色关联模型将影响专业救援器械选择的地震的震级、地震持续时间、地震发生地区的人口密度，同时将当地建筑物的抗震等级因素都考虑进了模型的计算中，更贴合了专业救援器械需求的实际情况。

第 5 章

基于灰色 Verhulst 模型大规模地震灾害药品类救援物资需求预测研究

5.1 大规模地震灾害药品类救援物资需求特性分析

大规模地震灾害发生后，造成大量的人员伤亡，在将伤员救出之后需要进行及时的救助以免因救助不及时而造成伤员的死亡。因此，及时将所需药品运送到灾害发生地是十分重要的。同时，在地震灾害发生后，通往灾区的道路很可能不能正常通行或可通行的救援通道较少，而需要运往灾区的救援物资很多，因此对药品的需求量进行预测显得尤为重要。由于大规模地震灾害发生的不确定性，造成灾区药品需求的品种结构和数量的不确定性，因此药品供应常常处于混乱的尴尬境地。例如，1976 年在唐山大地震发生后的医疗救援中，因破伤风抗毒素、外伤敷料等药品的准备不足，对救治的质量造成很大的影响。因此，在地震灾害药品供应中，掌握地震灾害救治药品需求分布结构是非常关键的。

大规模地震灾害发生后药品需求体现出以下的特点。

第一，紧急性。由于突发性灾害事件提前不能预知，造成事先储备的药品往往不够用，因此在非灾害期储备大量物资用于预防灾害的发生易造成生产资料的浪费，也不符合现实情况，灾害的发生往往需要在非常短时间内针对事故特点供应大量药品。药品在灾区救援中与人们的生命息息相关，例如在 2000 年 6 月，印度尼西亚的苏门答腊岛发生 7.9 级大地震，由于事前对于此类大灾害的应急储备不足，造成灾区医疗物资尤其是药品的极度缺乏，各大医院储存的药品和血浆很快被消耗完，有些伤势较重的伤员不得不在没有经过麻醉的情况下做手术，甚至有些伤员因为没有得到及时抢救和输血而导致死亡。

第二，阶段性。邢茂等（2008）依照地震灾害造成的人员伤病的特点以及总结过去经验划分出地震灾害医学救援的三个阶段：第一阶段为早期（应急期），伤员多以外伤为主，大部分病情较为严重，需要紧急止血以及消炎等，否则将危及生命。这一阶段的药品需求主要以急救药品为主，包括抗感染药、止血药、水和电解质等药物。第二阶段为中期（亚急期），直接由地震灾害造成的外伤类疾病得到控制，继而转化为内伤类疾病。这一阶段的药品需求主要以治疗肠胃、皮肤病类的药物为主，并要及时开展疫情防治工作，防止部分传染病暴发流行。第三阶段为晚期或恢复期，这一阶段的救助重点向灾民的心理治疗转移，药品保障以治疗精神障碍的药物、疫苗等为主。

第三，多样性。大规模地震灾害的特征决定了对灾害的救助应为分级救助。一般需要根据伤病员的伤势分为现场救助和转移救助，较轻的伤员只需进行现场救助，而对于伤势较重或者内伤的伤员需要在经过简单处理后转移到附近医疗条件较好的医院进行进一步治疗。

第四，突变性。灾情如果不能及时地控制，极有可能引发连锁反应和多维扩展并且不以人的意志为转移。例如，1995 年日本阪神 7.2 级地震引发了多起火灾，药品的需求也从原来治疗创伤等转变为治疗烧伤的。因此，在稳定突发性灾害的工作后，需要对其接下来的发展趋势做出正确的判断，做好预防措施，防止灾情突变的同时，调整药品的种类和数量。

灾害医疗救助的不同阶段对于药品需求的种类和数量不同，本书选取大规模地震灾害发生的早期（应急期）药品需求量进行预测研究。

5.1.1 大规模地震药品类救援物资需求预测概述

从目前对大规模地震灾害应急救援药品的需求和供给保障等方面的研究中可知，由于大规模地震灾害具有很强的突发性并且容易引发次生灾害，使得灾害发生后的紧急救助具有非常强的不确定性，其相应的对紧急救助药品种类和数量的需求也具有很强的不确定性，因此直接对大规模地震灾害应急救援中药品种类和数量的需求进行预测比较困难。

5.1.2 大规模地震药品类救援物资需求与伤病员人数间的关系

通过研究文献可知，冯惠坚（2003）等医学专家对唐山大地震灾害中伤员的伤类、伤情分布数据和医院救治同类事故伤员用药数据的研究成果得出大规模地震灾害紧急救援中的救援药品需求种类和数量与灾害中的伤病员人数呈线性相关关系，即通过类比可知在大规模地震灾害造成的伤病员人均对主要药品种类中各药品的需求量。因此，可以借助对伤病员人数的预测间接得出应急救援中对药品种类和数量的需求。

5.1.3 大规模地震灾害伤病员人数统计特性分析

对于伤病员人数的预测，为寻找其统计规律，本书选取青海玉树和四川芦山大规模地震灾害初期伤病员人数统计数据，画出其统计曲线图，如图 5-1 所示。

通过大规模地震灾害发生后伤病员人数的统计数据分析可以得出，伤病员人数统计数据呈现出 2 个特点。

第一，饱和"S"形特征。在救援开始时，伤病员人数表现出指数式的快速增长（快速增长期），随着救援行动的进一步开展，新发现的伤病员逐渐减少，伤病员人数的增速也逐渐变缓（拐点）。同时，一部分轻伤病员会逐渐康复而退出治疗；另一部分重伤病员会在经过简单的处理后被送往安全地区的大医院接受进一步的治疗，因此整体伤病员人数会逐渐稳定在一个总量不再增加（平稳期）。整体呈饱和"S"形变化的趋势，表现出很强的规律性。同时，对于伤病员人数的实时统计数据在救援行动开始时便已着手开展，伴随着救援行动的始终，因此也较易获得。

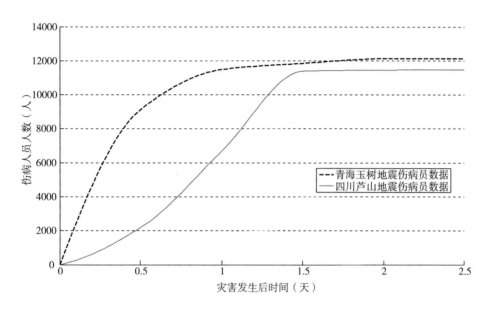

图 5 - 1　地震初期伤病员人数统计分布曲线

第二，连续变化性。对伤病员人数的统计，可分为时点数据和区间数据。时点数据只能反映当天截止记录时间点时所发现伤病员的数量，而在黄金救援期搜救过程是 24 小时不间断的，在记录的过程中以及记录以后的一段时间依然不断地有伤病员被发现，伤病员人数每时每刻都在增加，是一个动态连续增长变化的过程，每小时每天的伤病员人数都是一个连续区间，相应的对于应急救援药品种类和数量的需求也是一个连续区间。因此时点数据并不能十分准确地描述真实情况。将伤病员人数的数据看作是一个个连续变化的区间，可以更加真实、准确地反映现实情况。

通过以上分析可知：首先，大规模地震灾害应急救援药品需求是非常紧急的，因此在灾害发生后并没有非常多的数据信息提供参考，表现为"贫信息""小样本"的特征；其次，直接构建模型对大规模地震灾害应急救援药品需求量进行预测比较困难，而药品需求量与伤病员人数之间存在着紧密的联系，有一定的规律可循；最后，伤病员人数表现出饱和"S"形、连续变化的特征，具有较为固定的规律。因此，对于大规模地震灾害应急救援中药品需求量的预测可通过先对伤病员人数进行预测，然后依据药品需求量与伤病员人数之间的关系间接对药品需求量进行预测。在模型的选择上，需要考虑到三点：第一，是数据的"贫信息""小样本"性；第二，是伤病员人数的饱和"S"形特征；第三，是伤病员人数统计数据的连续变化的区间特征。

5.1.4　大规模地震药品类救援物资需求预测方法选择

对伤病员人数进行预测的方法很多，主要有多元回归模型预测法、案例推理预测法、神经网络模型预测法、灰色系统模型预测法等。下面对各预测方法进行对比分析。

1. 多元回归模型预测法

信息获取是实时的，等灾害发生后再收集足够多的信息，灾害救援的工作也基本结束，因此在实践中无法直接用该模型预测需求量。由于回归模型的建模限制，对波动较大的数据不能进行十分精确的模拟。

2. 案例推理预测法（CBR）

推理法对案例源的要求较高，需要有十分相似的案例，而在大部分情况下这是很难实现的。对于数据的预测，只是选取相似案例中存在的，其中由于两次灾害发生情况的不同可能会丢失一些有价值的信息。

3. 神经网络模型预测法

神经网络模型前期有一个机器学习的过程，因此需要有较多的基础数据来训练，所以该模型并不适合对时间非常宝贵的地震灾害救援过程中的物资进行预测。

4. 灰色系统模型预测法

灰色系统模型预测法是人们基于对系统演化不确定性特征的认识，针对现实中存在的灰色不确定性预测的问题，利用少量有效数据，运用累加或累减算法对原始数据进行处理，挖掘系统内在的演化规律，继而建立灰色预测模型，对系统的发展趋势做出科学预测的一种方法。灰色预测方法针对"小样本""贫信息"的数据，只需少量的基础数据就可以选用相应模型对未来中短期的数据进行预测。几种预测方法的对比分析如表 5 - 1 所示。

表 5 - 1　　　　　　　　　　各种预测方法对比

方法	特点	数据特征	缺点	预测精度
多元回归模型预测法	应用比较广泛,变量间存在一定的联系	样本数据要求较多且需服从某个典型的概率分布规律	范围设定较为单一,不能利用模型进行任意的外推	较低
案例推理预测法	依托历史数据,根据经验判断	数据需求量不多且易获取	对基础数据集要求较高	高
神经网络模型预测法	能有效解决历史数据无规律情况下的预测	信息需求量大	对数理基础要求较高,建模参数不易设定	较高
灰色系统模型预测法	多为短期预测	数据需求量少	对于长期预测误差比较大	较高

　　预测方法的选择对于最终的预测结果有着至关重要的影响，对于同一个预测目标，选择不同的预测方法可能会得到大致相同的预测结果，但是也有可能会得到两个差别比较大的结果，这些是由决策者主观感觉和所选择的预测模型决定的。决策者根据各种不同方法的预测结果综合考虑，在各个被选方案中选择最佳预测方法和预测结果作为其决策的依据。

　　结合大规模地震灾害应急救援药品需求特性和伤病员表现出来的特性，选取灰色预测模型进行预测。

　　灰色系统模型预测法是人们基于对系统演化不确定性特征的认识，针对现实中存在的灰色不确定性预测的问题，通过采取少许有效数据对原始数据进行预处理，深入挖掘其内在规律，建立灰色预测模型，对系统未来的发展趋势做出有效预测的一种方法。灰色系统模型预测法的基本思想是用原始数据组成原始序列，经对灰色算法进行某种生成序列，使原始数据的内在规律更清楚地表现出来，继而用模型进行模拟预测。灰色系统预测理论建模的主要任务是根据灰色系统的行为特征数据，尽可能充分的挖掘数据中显示和未显示的信息，探寻要素间和要素本身的数学关系。

连续区间灰数序列相对于实数序列来说包含更复杂的数据结构和信息特征，直接构建连续区间灰数上下界的预测模型面临诸多问题：连续区间灰数间的代数运算将导致目标灰数不确定性增加；连续区间灰数序列的算法生成序列无法进行指数拟合；基于连续区间灰数界点序列的灰色预测模型存在病态等。因此难以依据传统灰色预测模型的建模方法直接建造面向连续区间灰数序列的预测模型，在这样的情况下，需要先对连续区间灰数进行白化处理，将其转换为等信息量的实数序列，然后通过构建实数序列的灰色模型推导还原连续区间灰数预测模型。对于连续区间灰数白化的方法，目前专家学者的研究成果中主要有以下四种：几何坐标法、信息分解法、灰色属性法、核和测度法。

对于呈现饱和"S"形变化规律的数据，1837年，德国的数学生物学家弗赫斯特（P. F. Verhulst）通过推导和研究用非线性微分方程来描述和模拟生物种群的增长建立 Verhulst 模型。同时，Verhulst 模型是当幂指数为 2 时的一种特殊的 GM（1，1）幂指数模型。该模型描述的是一个动态发展的过程，初期表现为指数式的快速增长，随着时间的推移，受到外界某种因素的干扰而使增长速度逐渐变缓并最终减小到零，总量稳定在一个固定值。也就是说，该模型主要用来描述整体数据呈饱和"S"形特征的灰色动态变化过程。

综上所述，本书选取连续区间灰数白化方法和灰色 Verhulst 模型的组合模型，先对大规模地震灾害发生后短期内伤病员的人数进行预测，然后借助伤病员人数与药品需求之间的线性关系对所需药品的种类和数量进行预测，最终得到大规模地震灾害发生后短期各等间隔时间内灾区对各类药品的需求量。

5.2　基于灰色 Verhulst 模型大规模地震灾害伤病员人数预测模型构建

5.2.1　经典灰色 Verhulst 预测模型

假设非负序列 $R^{(0)} = [r^{(0)}(1), r^{(0)}(2), \cdots, r^{(0)}(n)]$ 。其中，$r^{(0)}(t) \geqslant 0(t = 1, 2, \cdots, n)$ 。

$R^{(1)}$ 为 $R^{(0)}$ 的 $1 - AGO$ 序列，$R^{(1)} = (r^{(1)}(1), r^{(1)}(2), \cdots, r^{(1)}(n))$ ，其中，$r^{(1)}(t) = \sum_{i=1}^{k} r^{(0)}(i)(t = 1, 2, \cdots, n)$ 。

$Z^{(1)}$ 为 $R^{(1)}$ 的均值生成序列，$Z^{(1)} = [z^{(1)}(2), z^{(1)}(3), \cdots, z^{(1)}(n)]$ ，其中，$z^{(1)}(t) = \frac{1}{2}[x^{(1)}(t) + x^{(1)}(t-1)], t = , 3, \cdots, n$ 。则

$r^{(0)}(t) + az^{(1)}(t) = b[z^{(1)}(t)]^{\alpha}$ 称为 GM （1，1） 幂模型。

当 $\alpha = 2$ 时，则得到式（5-1）

$$r^{(0)}(t) + az^{(1)}(t) = b[z^{(1)}(t)]^2 \tag{5-1}$$

为灰色 Verhulst 模型。得出式（5-2）

$$\frac{d\, r^{(1)}}{dt} + a\, r^{(1)} = b\, (r^{(1)})^2 \tag{5-2}$$

为灰色 Verhulst 模型的白化方程。

采用最小二乘法来估计参数 a 和 b ，设

$$E = \begin{bmatrix} -z^{(1)}(2) & (z^{(1)}(2))^2 \\ -z^{(1)}(3) & (z^{(1)}(3))^2 \\ \vdots & \vdots \\ -z^{(1)}(n) & (z^{(1)}(n))^2 \end{bmatrix}, Y = \begin{bmatrix} r^{(0)}(2) \\ r^{(0)}(3) \\ \vdots \\ r^{(0)}(n) \end{bmatrix}$$

则灰色 Verhulst 模型参数列 $\hat{a} = (a, b)^T$ 的最小二乘估计为 $\hat{\alpha} = (E^T E)^{-1} E^T Y$

将式（5－1）左右同时乘上 $(r^{(1)})^{-2}$，$(r^{(1)})^{-2}\dfrac{d\,r^{(1)}}{dt}+a\,(r^{(1)})^{1-\alpha}=b$

令 $y^{(1)}=(r^{(1)})^{1-\alpha}$，求解该伯努利方程，可得灰色 Verhulst 白化方程的解为

$$R^{(1)}(t)=\frac{1}{e^{at}\left[\dfrac{1}{r^{(1)}(0)}-\dfrac{b}{a}(1-e^{-at})\right]}=\frac{a\,r^{(1)}(0)}{e^{at}[a-b\,r^{(1)}(0)(1-e^{-at})]}=$$

$$\frac{a\,r^{(1)}(0)}{b\,r^{(1)}(0)+(a-b\,r^{(1)}(0))e^{at}}$$

灰色 Verhulst 模型的时间响应式为式（5－3）。

$$\hat{r}(t+1)=\frac{ar^{(1)}(0)}{br^{(1)}(0)+(a-br^{(1)}(0))e^{at}} \tag{5－3}$$

代入不同的 t 值，即可得到相应的 $\hat{r}(t)$。

5.2.2　灰色离散 Verhulst 预测模型

由灰色 Verhulst 模型的推导可知，灰色 Verhulst 模型的时间响应式为式（5－4）。

$$\hat{r}(t+1)=\frac{ar^{(1)}(0)}{br^{(1)}(0)+(a-br^{(1)}(0))e^{at}} \tag{5－4}$$

由式（5－4），对其作倒数变换，得到式（5－5）。

$$\hat{y}^{(0)}(t+1)=A+Be^{at} \tag{5－5}$$

式（5－5）中：$\hat{y}^{(0)}(t+1)=\dfrac{1}{\hat{r}(t+1)}$，$A=\dfrac{b}{a}$，$B=\dfrac{(a-bx^{(1)}(0))}{ax^{(1)}(0)}$。

式（5－5）是关于 t 的非齐次指数函数，与 GM（1，1）模型的一阶累加生成序列的时间响应式在形式上是一致的。

由式（5－5）可知，原始序列一阶累加生成序列的倒数变换序列呈现出非齐次指数增长规律，这就为构建非齐次指数的离散灰色模型提供了基础。

设有非负数据序列 $R^{(0)}=[r^{(0)}(1),r^{(0)}(2),\cdots,r^{(0)}(t)]$，$R^{(1)}$ 为 $R^{(0)}$ 的 1－AGO 序列，其中，$r^{(1)}(t)=\displaystyle\sum_{i=1}^{t}r^{(0)}(i)$，$t=1,2,\cdots,n$。$Y^{(0)}=$

$[y^{(0)}(1), y^{(0)}(2), \cdots, y^{(0)}(n)]$ 为 $R^{(1)}$ 的倒数序列，即有式（5-6）。

$$y^{(0)}(t) = \frac{1}{r^{(1)}(t)}(t = 1, 2, \cdots, n) \qquad\qquad (5-6)$$

$Y^{(1)} = [y^{(1)}(1), y^{(1)}(2), \cdots, y^{(1)}(n)]$ 为 $Y^{(0)}$ 的 1-AGO 序列，$y^{(1)}(t) =$

$\sum_{i=1}^{t} y^{(0)}(i), t = 1, 2, \cdots, n$

则称式（5-7）

$$y^{(1)}(t+1) = \alpha_1 + \alpha_2 t + \alpha_3 y^{(1)}(t) \qquad\qquad (5-7)$$

为灰色离散 Verhulst 模型。

灰色离散 Verhulst 模型中的待估参数为 $\alpha = (\alpha_1, \alpha_2, \alpha_3)^T$，运用最小二乘法求得参数估计为式（5-8）

$$\hat{\alpha} = (B^T B)^{-1} B^T Y \qquad\qquad (5-8)$$

式（5-8）中

$$B = \begin{bmatrix} 1 & 1 & y^{(1)}(1) \\ 1 & 2 & y^{(1)}(2) \\ \vdots & \vdots & \vdots \\ 1 & n-1 & y^{(1)}(n-1) \end{bmatrix}, Y = \begin{bmatrix} y^{(1)}(2) \\ y^{(1)}(3) \\ \vdots \\ y^{(1)}(n) \end{bmatrix}$$

当参数已经估计得到，且初始条件为 $y^{(1)}(1) = y^{(0)}(1) = \frac{1}{r^{(1)}(1)} = \frac{1}{r^{(0)}(1)}$ 时，

假设 $B, Y, \hat{\alpha}$ 满足上述关系式 $\alpha = (\alpha_1, \alpha_2, \alpha_3)^T = (B^T B)^{-1} B^T Y$，则有：

①当 $\alpha_3 = 1$ 时，$\hat{y}^{(1)}(t+1) = \alpha_1 + \alpha_2 k + \hat{y}^{(1)}(t)$，得出：

$\hat{y}^{(0)}(t+1) = \hat{y}^{(1)}(t+1) - \hat{y}^{(1)}(t) = \alpha_1 + \alpha_2 t$

代入式（5-6），得到：$\hat{r}^{(1)}(t+1) = 1/\hat{y}^{(0)}(t+1) = [\alpha_1 + \alpha_2 t]^{-1}$

②当 $\alpha_3 \neq 1$ 时，

$$\hat{y}^{(1)}(t+1) = \alpha_1 + \alpha_2 t + \alpha_3 \hat{y}^{(1)}(t)$$

$$= \alpha_1 + \alpha_2 t + \alpha_3 [\alpha_1 + \alpha_2(t-1) + \alpha_3 \hat{y}^{(1)}(t-1)]$$

$$\vdots$$

$$= (1 + \alpha_3 + \cdots + \alpha_3^{t-1})\alpha_1 + [t + \alpha_3(t-1) + \alpha_3^2(t-2) + \cdots + \alpha_3^{t-1}]\alpha_2 + \alpha_3^t y^{(1)}(1)$$

$$= \frac{1 - \alpha_3^t}{1 - \alpha_3} \cdot \alpha_1 + \left(\frac{t}{1 - \alpha_3} - \frac{(1 - \alpha_3^t) \cdot \alpha_3}{(1 - \alpha_3)^2}\right)\alpha_2 + \alpha_3^t y^{(1)}(1)$$

从而得到：$\hat{y}^{(0)}(t+1) = \hat{y}^{(1)}(t+1) - \hat{y}^{(1)}(t)$

$$= \frac{1 - \alpha_3^t}{1 - \alpha_3} \cdot \alpha_1 + \left(\frac{t}{1 - \alpha_3} - \frac{(1 - \alpha_3^t) \cdot \alpha_3}{(1 - \alpha_3)^2}\right)\alpha_2 + \alpha_3^t y^{(1)}(1)$$

$$- \left[\frac{1 - \alpha_3^{t-1}}{1 - \alpha_3} \cdot \alpha_1 + \left(\frac{t-1}{1 - \alpha_3} - \frac{(1 - \alpha_3^{t-1}) \cdot \alpha_3}{(1 - \alpha_3)^2}\right)\alpha_2 + \alpha_3^{t-1} y^{(1)}(1)\right]$$

$$= \alpha_1 \alpha_3^{t-1} + \frac{\alpha_2(1 - \alpha_3^t)}{1 - \alpha_3} - \alpha_3^{t-1}(1 - \alpha_3) y^{(1)}(1)$$

代入式（5-6），得到 $\hat{r}^{(1)}(t+1) = 1/\hat{y}^{(0)}(t+1) =$

$$\left[\alpha_1 \alpha_3^{t-1} + \frac{\alpha_2(1 - \alpha_3^t)}{1 - \alpha_3} - \alpha_3^{t-1}(1 - \alpha_3)/r^{(0)}(1)\right]^{-1}$$

则灰色离散 Verhulst 模型的解为式（5-9）。

$$\hat{r}^{(1)}(t+1) = \begin{cases} [t\alpha_2 + \alpha_1]^{-1}, & \alpha_3 = 1 \\ \left[\alpha_1 \alpha_3^{t-1} + \dfrac{\alpha_2(1 - \alpha_3^t)}{1 - \alpha_3} - \alpha_3^{t-1}(1 - \alpha_3)\dfrac{1}{r^{(0)}(1)}\right]^{-1}, & \alpha_3 \neq 1 \end{cases}$$

$$(5-9)$$

显然，由灰色离散 Verhulst 模型的建模过程可知，从参数估计到预测表达式均为离散形式的方程，从而有效地避免了经典灰色 Verhulst 模型的缺陷。

5.2.3 灰色区间 Verhulst 预测模型

1. 基于信息分解法的灰色区间 Verhulst 预测模型

（1）信息分解法白化原理。方志耕教授对区间灰数的标准化进行了研究与定义，对标准化有了如下定义：

设区间灰数 $\otimes (t_k) \in [a_k, b_k] (b_k \geq a_k, k = 1, 2, \cdots)$，将 $\otimes (t_k)$ "等价" 分解为式（5 – 10）。

$$\otimes (t_k) = a_k + h_k \xi, (h_k = b_k - a_k, \xi \in [0, 1]) \qquad (5 - 10)$$

式（5 – 10）称为区间灰数 $\otimes (t_k)$ 的标准形式。

并通过将区间灰数分解成实数形式的"白部"和"灰部"两个部分，并将其应用于灰矩阵形式的零和矩阵博弈中，取得了良好的效果。实际上，区间灰数的"白部"和"灰部"均为实数，因此这种通过区间灰数标准化处理实现信息分解的方法，同时也是区间灰数序列的一种白化方法。

区间灰数的下界序列称为"白部"，区间灰数的上界序列与下界序列的数据差称为"灰部"。白部序列和灰部序列合称为该区间灰数的白化序列。

由信息分解法的建模原理可知，所划分的白部是直接用的区间的下界，而灰部是区间的上下界的差（也就是区间长度），它能够包含序列的全部信息，能够很好地对区间序列进行预测。

（2）模型构建。基于信息分解的灰色区间灰数 Verhulst 预测模型建模的基本过程是：首先将区间灰数信息分解成基于实数形式的"白部"和"灰部"两个部分；其次分别构建"白部"序列灰色 Verhulst 模型和"灰部"序列的灰色 Verhulst 模型；最后推导还原区间灰数上下界表达式，继而实现对区间灰数的模拟及预测。具体建模过程分为以下几部。

第一，白部序列预测模型。设白部原始序列为：$R^{(0)} = [r^{(0)}(1), r^{(0)}(2), \cdots, r^{(0)}(t)]$

其中，$r^{(0)}(t)$ 表示 t 时刻的数据。$R^{(1)}$ 为 $R^{(0)}$ 的 $1 - AGO$ 序列，$Z^{(1)}$ 为 $R^{(1)}$ 的紧邻均值生成序列。

白部序列的灰色 Verhulst 模型的白化方程的解为式（5 – 11）。

$$R^{(1)}(t) = \frac{1}{e^{at} \left[\dfrac{1}{r^{(1)}(0)} - \dfrac{b}{a} (1 - e^{-at}) \right]} = \frac{a\, r^{(1)}(0)}{e^{at} [a - b\, r^{(1)}(0)(1 - e^{-at})]}$$

$$= \frac{a\, r^{(1)}(0)}{b\, r^{(1)}(0) + (a - b\, r^{(1)}(0))e^{at}}$$

$$(5 - 11)$$

则白部序列的灰色 Verhulst 模型的时间响应式为式（5－12）。

$$\hat{a}(t+1) = \hat{r}(t+1) = \frac{ar^{(1)}(0)}{br^{(1)}(0) + (a - br^{(1)}(0))e^{at}} \qquad (5-12)$$

由（5－12）可知：代入不同时刻时间 t，就可以预测相应时刻 $\hat{a}(t)$。

第二，灰部序列预测模型。灰部原始序列为：$H^{(0)} = [h^{(0)}(1),$ $h^{(0)}(2),\cdots,h^{(0)}(t)]$

其中，$h^{(0)}(t)$ 表示 t 时刻的数据。$H^{(1)}$ 为 $H^{(0)}$ 的 $1-AGO$ 序列，并设 $Z^{(1)}$ 为 $H^{(1)}$ 的紧邻均值生成序列。

灰部序列的灰色 Verhulst 模型的时间响应式为式（5－13）。

$$\hat{h}^{(1)}(t+1) = \frac{ch^{(1)}(0)}{dh^{(1)}(0) + (c - dh^{(1)}(0))e^{ct}} \qquad (5-13)$$

累减还原式为式（5－14）。

$$\hat{h}(t+1) = \frac{ch^{(1)}(0)}{dh^{(1)}(0) + (c - dh^{(1)}(0))e^{ct}} - \frac{ch^{(1)}(0)}{dh^{(1)}(0) + (c - dh^{(1)}(0))e^{c(t-1)}}$$

$$(5-14)$$

由式（5－14）可知，代入不同时刻时间 t，就可以预测相应时刻的 $\hat{h}(t)$。

第三，连续区间灰数上下界预测模型。根据区间灰数的标准化方法可知式（5－15）。

$$\hat{h}(t+1) = \hat{b}(t+1) - \hat{a}(t+1) \qquad (5-15)$$

联立式（5－12）、式（5－14）及式（5－15），可得式（5－16）。

$$\begin{cases} \hat{a}(t+1) = \dfrac{ar^{(1)}(1)}{br^{(1)}(0) + (a - br^{(1)}(0))e^{at}} \\[4mm] \hat{h}(t+1) = \dfrac{ch^{(1)}(0)}{dh^{(1)}(0) + (c - dh^{(1)}(0))e^{ct}} - \dfrac{ch^{(1)}(0)}{dh^{(1)}(0) + (c - dh^{(1)}(0))e^{c(t-1)}} \\[4mm] \hat{b}(t+1) = \hat{h}(t+1) + \hat{a}(t+1) \end{cases}$$

$$(5-16)$$

解方程组可得区间灰数 $\hat{\otimes}(t+1) \in [\hat{a}(t+1), \hat{b}(t+1)]$ 上界及下界的灰色预测模型式（5－17）。

$$\begin{cases} \hat{a}(t+1) = \dfrac{ar^{(1)}(1)}{br^{(1)}(0)+(a-br^{(1)}(0))e^{at}} \\[4mm] \hat{b}(t+1) = \dfrac{ar^{(1)}(1)}{br^{(1)}(0)+(a-br^{(1)}(0))e^{at}} + \dfrac{ch^{(1)}(1)}{dh^{(1)}(0)+(c-dh^{(1)}(0))e^{ct}} \\[4mm] \qquad\qquad - \dfrac{ch^{(1)}(1)}{dh^{(1)}(0)+(c-dh^{(1)}(0))e^{c(t-1)}} \end{cases}$$

$$(5-17)$$

2. 基于核和测度法的灰色区间 Verhulst 预测模型

（1）核和测度法白化原理。对于区间灰数来说，核是区间灰数的中心，反映的是区间灰数序列的发展趋势，在数值上表现为上下界区间数据和的一半。测度是区间的长度，包含着区间灰数的信息，在数值上表现为上界和下界的差值。

定义 1　设灰数 $\otimes \in [a_k, b_k]$，在缺乏取值分布信息的情况下所示。

①若 $\otimes$ 为连续灰数，则称 $\widetilde{\otimes}_k = \dfrac{a_k+b_k}{2}$ 为灰数的核；

②若 $\otimes$ 为离散灰数，$a_i \in [a_k, b_k](i=1,2,\cdots,n)$ 为灰数的所有可能值，则称 $\widetilde{\otimes} = \dfrac{1}{n}\sum_{i=1}^{n}a_i$ 为灰数的核。

定义 2　灰数的上下界之差称为区间灰数的测度，记作 $l(\otimes_k) = b_k - a_k$。

由核和测度法的建模原理可知，它综合了信息分解法和灰色属性法的优点：选取区间下界的中点作为核序列，选取区间长度作为测度序列，"核"反映的是区间灰数序列未来的发展趋势，"测度"反映的是对区间灰数序列信息掌握的情况。将区间灰数转化为核和测度两个实数序列，既可避免区间灰数的直接运算造成的问题，又充分利用了区间灰数本身所蕴含的全部信息。因此能够很好地对区间序列进行预测。

由于现在对于灰代数运算体系的构建尚不完善，灰数间的代数运算将导致结果的灰度增加，为了在回避区间灰数之间代数运算的前提下构建面向区间灰数的灰色预测模型，需要首先将区间灰数序列转换成等信息量的实数序列。上面介绍了四种连续区间灰数序列白化方法，通过对其建模原理的分析可以看出，各白化方法对不同特征的数据序列预测精度不同，因此在建模时需要根据数据特征选择白化方法。

（2）模型构建。基于核和测度的区间灰数 Verhulst 预测模型基本过程是：首先，将区间灰数序列的所有灰元"白化"，得到区间灰数的连续核序列和连续测度序列；其次，分别构建连续核序列和测度序列的灰色 Verhulst 模型，对区间灰数的核和测度进行模拟预测；最后，推导还原区间灰数上界和下界的预测模型，从而实现对区间灰数的预测。具体建模过程如下所示。

第一，核序列预测模型。核序列的原始序列为：$X^{(0)}(\tilde{\otimes}) = (\tilde{\otimes}_1, \tilde{\otimes}_2, \cdots, \tilde{\otimes}_n)$ 其中：$X^{(1)}(\tilde{\otimes})$ 为 $X^{(0)}(\tilde{\otimes})$ 的 $1-AGO$ 序列，并设 $Z^{(1)}$ 为 $X^{(1)}(\tilde{\otimes})$ 的紧邻均值生成序列。

可得核序列的灰色 Verhulst 白化方程的解为式（5-18）。

$$R^{(1)}(t) = \frac{1}{e^{at}\left[\dfrac{1}{\tilde{\otimes}_1} - \dfrac{b}{a}(1 - e^{-at})\right]} = \frac{a\tilde{\otimes}_1}{e^{at}\left[a - b\tilde{\otimes}_1(1 - e^{-at})\right]} = \frac{a\tilde{\otimes}_1}{b\tilde{\otimes}_1 + (a - b\tilde{\otimes}_1)e^{at}}$$

$$(5-18)$$

则核序列灰色 Verhulst 模型的时间响应式为式（5-19）。

$$\hat{\tilde{\otimes}}_{t+1} = \frac{a\tilde{\otimes}_1}{b\tilde{\otimes}_1 + (a - b\tilde{\otimes}_1)e^{at}} \tag{5-19}$$

由式（5-19）可知：代入不同时刻时间 t，就可以预测相应时刻的核序列 $\hat{\tilde{\otimes}}(t)$。

第二，测度序列预测模型。经计算可得，测度序列的原始序列为：$L^{(0)} = [l^{(0)}(1), l^{(0)}(2), \cdots, l^{(0)}(t)]$ 其中，$L^{(0)}(t)$ 表示 t 时刻的数据，$L^{(1)}$ 为 $L^{(0)}$ 的 $1-AGO$ 序列，并设 $Z^{(1)}$ 为

$L^{(1)}$ 的紧邻均值生成序列。

则测度序列的灰色 Verhulst 模型的时间响应式为式（5 – 20）。

$$\hat{l}^{(1)}(t+1) = \frac{cl^{(1)}(0)}{dl^{(1)}(0) + (c - dl^{(1)}(0))e^{ct}} \qquad (5-20)$$

累减还原式为式（5 – 21）

$$\hat{l}(t+1) = \frac{cl^{(1)}(0)}{dl^{(1)}(0) + (c - dl^{(1)}(0))e^{ct}} - \frac{cl^{(1)}(0)}{dl^{(1)}(0) + (c - dl^{(1)}(0))e^{c(t-1)}}$$

$$(5-21)$$

由式（5 – 21）可知：代入不同时刻时间 t，就可以预测相应时刻的测度序列 $\hat{l}^{(1)}(t)$。

（3）区间灰数上下界预测模型。

由定义 1 可知，$\tilde{\otimes}_t = \dfrac{a_t + b_t}{2}$，

$$\hat{a}(t+1) + \hat{b}(t+1) = 2\hat{\tilde{\otimes}}(t+1) \qquad (5-22)$$

$$\hat{b}(t+1) - \hat{a}(t+1) = \hat{l}(t+1) \qquad (5-23)$$

联立式（5 – 22）、式（5 – 23）可得区间灰数 $\hat{\otimes}(t+1) \in [\hat{a}(t+1),$ $\hat{b}(t+1)]$ 上界及下界的灰色预测模型式（5 – 24）。

$$
\begin{cases}
\hat{a}(t+1) = \dfrac{a\tilde{\otimes}_1}{b\tilde{\otimes}_1 + (a - b\tilde{\otimes}_1)e^{at}} - \dfrac{1}{2}\Bigg(\dfrac{cl^{(1)}(0)}{dl^{(1)}(0) + (c - dl^{(1)}(0))e^{ct}} \\[4mm]
\qquad\qquad - \dfrac{cl^{(1)}(0)}{dl^{(1)}(0) + (c - dl^{(1)}(0))e^{c(t-1)}}\Bigg) \\[6mm]
\hat{b}(t+1) = \dfrac{a\tilde{\otimes}_1}{b\tilde{\otimes}_1 + (a - b\tilde{\otimes}_1)e^{at}} + \dfrac{1}{2}\Bigg(\dfrac{cl^{(1)}(0)}{dl^{(1)}(0) + (c - dl^{(1)}(0))e^{ct}} \\[4mm]
\qquad\qquad - \dfrac{cl^{(1)}(0)}{dl^{(1)}(0) + (c - dl^{(1)}(0))e^{c(t-1)}}\Bigg)
\end{cases}
$$

$$(5-24)$$

5.2.4 灰色区间离散 Verhulst 预测模型

1. 基于信息分解法的灰色区间离散 Verhulst 预测模型

基于信息分解法的区间灰数离散 Verhulst 预测模型的基本过程为：首先，将区间灰数信息分解成基于实数形式的"白部"和"灰部"两个部分；其次，分别构建"白部"序列和"灰部"序列的灰色离散 Verhulst 模型；最后，根据构建的区间上下界灰数离散 Verhulst 模型实现对连续区间灰数的模拟及预测，具体建模过程如下所示。

（1）白部序列预测模型。白部原始序列为：

$$R^{(0)} = \left[\, r^{(0)}(1), r^{(0)}(2), \cdots, r^{(0)}(t) \,\right]$$

其中，$R^{(0)}(t)$ 表示 t 时刻数据，$R^{(1)}$ 为 $R^{(0)}$ 的 $1-AGO$ 序列，并设 $Z^{(1)}$ 为 $R^{(1)}$ 的紧邻均值生成序列。

当参数已经估计得到，且初始条件为 $y^{(1)}(1) = y^{(0)}(1) = \dfrac{1}{r^{(1)}(1)} = \dfrac{1}{r^{(0)}(1)}$ 时，则灰色离散 Verhulst 模型的解为式（5-25）

$$\hat{a}(t+1) = \hat{r}^{(1)}(t+1) = \left[\, \alpha_1 \alpha_3^{t-1} + \frac{\alpha_2(1-\alpha_3^t)}{1-\alpha_3} - \alpha_3^{t-1}(1-\alpha_3)\frac{1}{r^{(0)}(1)} \,\right]^{-1}$$

$$(5-25)$$

（2）灰部序列预测模型。灰部原始序列为：

$$H^{(0)} = \left[\, h^{(0)}(1), h^{(0)}(2), \cdots, h^{(0)}(t) \,\right]$$

其中，$H^{(0)}(t)$ 表示 t 时刻的数据，$H^{(1)}$ 为 $H^{(0)}$ 的 $1-AGO$ 序列，并设 $Z^{(1)}$ 为 $H^{(1)}$ 的紧邻均值生成序列。

灰部序列的灰色离散 Verhulst 模型的时间响应式为式（5-26）

$$\hat{h}^{(1)}(t+1) = \left[\, \beta_1 \beta_3^{t-1} + \frac{\beta_2(1-\beta_3^t)}{1-\beta_3} - \beta_3^{t-1}(1-\beta_3)\frac{1}{h^{(0)}(1)} \,\right]^{-1}$$

$$(5-26)$$

累减还原式为式（5-27）。

$$\hat{h}(t+1) = \left[\beta_1 \beta_3^{t-1} + \frac{\beta_2(1-\beta_3^t)}{1-\beta_3} - \beta_3^{t-1}(1-\beta_3) \frac{1}{h^{(0)}(1)} \right]^{-1}$$

$$- \left[\beta_1 \beta_3^{t-2} + \frac{\beta_2(1-\beta_3^{t-1})}{1-\beta_3} - \beta_3^{t-2}(1-\beta_3) \frac{1}{h^{(0)}(1)} \right]^{-1} \quad (5-27)$$

（3）连续区间灰数上下界预测模型。根据区间灰数的标准化方法可知式（5 - 28）

$$\hat{h}(t+1) = \hat{b}(t+1) - \hat{a}(t+1) \quad (5-28)$$

联立式（5 - 25）、式（5 - 27）及式（5 - 28）解方程组可得区间灰 $\hat{\otimes}(t+1) \in [\hat{a}(t), \hat{b}(t)]$ 上界及下界的灰色预测模型式（5 - 29）。

$$\begin{cases} \hat{a}(t+1) = \left[\alpha_1 \alpha_3^{t-1} + \dfrac{\alpha_2(1-\alpha_3^t)}{1-\alpha_3} - \alpha_3^{t-1}(1-\alpha_3) \dfrac{1}{r^{(0)}(1)} \right]^{-1} \\[4mm] \hat{b}(t+1) = \left[\alpha_1 \alpha_3^{t-1} + \dfrac{\alpha_2(1-\alpha_3^t)}{1-\alpha_3} - \alpha_3^{t-1}(1-\alpha_3) \dfrac{1}{r^{(0)}(1)} \right]^{-1} \\[4mm] \qquad\qquad + \left[\beta_1 \beta_3^{t-1} + \dfrac{\beta_2(1-\beta_3^t)}{1-\beta_3} - \beta_3^{t-1}(1-\beta_3) \dfrac{1}{h^{(0)}(1)} \right]^{-1} \\[4mm] \qquad\qquad - \left[\beta_1 \beta_3^{t-2} + \dfrac{\beta_2(1-\beta_3^{t-1})}{1-\beta_3} - \beta_3^{t-2}(1-\beta_3) \dfrac{1}{h^{(0)}(1)} \right]^{-1} \end{cases} \quad (5-29)$$

2. 基于核和测度法的灰色区间离散 Verhulst 预测模型

基于核和测度的连续区间灰数离散 Verhulst 预测模型基本过程：首先，将连续区间灰数序列的所有灰元"白化"，得到连续区间灰数的核序列和测度序列；其次，分别构建核序列和测度序列的灰色离散 Verhulst 模型，对未知连续区间灰数的核和测度进行预测；最后，推导还原连续区间灰数上界和下界的预测模型，从而实现对连续区间灰数的预测。具体建模过程如下所示。

（1）核序列预测模型。核序列的原始序列为：$X^{(0)}(\tilde{\otimes}) = (\tilde{\otimes}_1, \tilde{\otimes}_2, \cdots, \tilde{\otimes}_n)$

其中，$X^{(1)}(\tilde{\otimes})$ 为 $X^{(0)}(\tilde{\otimes})$ 的 $1-AGO$ 序列，并设 $Z^{(1)}$ 为 $X^{(1)}(\tilde{\otimes})$ 的紧邻

均值生成序列。

当参数已经估计得到，且初始条件为 $y^{(1)}(1) = y^{(0)}(1) = \dfrac{1}{\tilde{\otimes}^{(1)}(1)} =$

$\dfrac{1}{\tilde{\otimes}^{(0)}(1)}$ 时，则灰色离散 Verhulst 模型的解为式（5-30）

$$\hat{a}(t+1) = \hat{\tilde{\otimes}}^{(1)}(t+1) = \left[\alpha_1 \alpha_3^{t-1} + \frac{\alpha_2(1-\alpha_3^t)}{1-\alpha_3} - \alpha_3^{t-1}(1-\alpha_3) \frac{1}{\tilde{\otimes}^{(0)}(1)} \right]^{-1}$$

$$(5-30)$$

（2）测度序列预测模型。经计算可得，测度序列的原始序列为：
$$L^{(0)} = (l^{(0)}(1), l^{(0)}(2), \cdots, l^{(0)}(t))$$

其中，$L^{(0)}(t)$ 表示 t 时刻的数据，$L^{(1)}$ 为 $L^{(0)}$ 的 $1-AGO$ 序列，并设 $Z^{(1)}$ 为 $L^{(1)}$ 的紧邻均值生成序列。

同理，根据上面所列模型可计算出测度序列的灰色离散 Verhulst 模型的时间响应式为式（5-31）。

$$\hat{l}^{(1)}(t+1) = \left[\beta_1 \beta_3^{t-1} + \frac{\beta_2(1-\beta_3^t)}{1-\beta_3} - \beta_3^{t-1}(1-\beta_3) \frac{1}{l^{(0)}(1)} \right]^{-1} \quad (5-31)$$

累减还原式为式（5-32）。

$$\hat{l}(t+1) = \left[\beta_1 \beta_3^{t-1} + \frac{\beta_2(1-\beta_3^t)}{1-\beta_3} - \beta_3^{t-1}(1-\beta_3) \frac{1}{l^{(0)}(1)} \right]^{-1}$$

$$- \left[\beta_1 \beta_3^{t-2} + \frac{\beta_2(1-\beta_3^{t-1})}{1-\beta_3} - \beta_3^{t-2}(1-\beta_3) \frac{1}{l^{(0)}(1)} \right]^{-1} \quad (5-32)$$

由式（5-32）可知，代入不同时刻时间 t，就可以预测相应时刻的 $\hat{l}(t)$。

（3）连续区间灰数上下界预测模型。

由定义 8 可知，$\tilde{\otimes}_k = \dfrac{a_t + b_t}{2}$，

$$\hat{a}(t+1) + \hat{b}(t+1) = 2\hat{\tilde{\otimes}}(t+1) \quad (5-33)$$

$$\hat{b}(t+1) - \hat{a}(t+1) = \hat{l}(t+1) \tag{5-34}$$

联立式（5-33）、式（5-34）可得区间灰数 $\hat{\tilde{\otimes}}(t+1) \in [\hat{a}(t), \hat{b}(t)]$ 上界及下界的灰色预测模型式（5-35）和式（5-36）。

$$
\begin{cases}
\hat{a}(t+1) = \hat{\tilde{\otimes}}(t+1) - \dfrac{1}{2}\hat{l}(t+1) \\[2mm]
\hat{b}(t+1) = \hat{\tilde{\otimes}}(t+1) + \dfrac{1}{2}\hat{l}(t+1)
\end{cases} \tag{5-35}
$$

$$
\Rightarrow
\begin{cases}
\begin{aligned}
\hat{a}(t+1) ={}& \left[\alpha_1\alpha_3^{t-1} + \frac{\alpha_2(1-\alpha_3^t)}{1-\alpha_3} - \alpha_3^{t-1}(1-\alpha_3)\frac{1}{\tilde{\otimes}^{(0)}(1)} \right]^{-1} \\
& - \frac{1}{2}\left(\left[\beta_1\beta_3^{t-1} + \frac{\beta_2(1-\beta_3^t)}{1-\beta_3} - \beta_3^{t-1}(1-\beta_3)\frac{1}{l^{(0)}(1)} \right]^{-1} \right. \\
& \left. - \left[\beta_1\beta_3^{t-2} + \frac{\beta_2(1-\beta_3^{t-1})}{1-\beta_3} - \beta_3^{t-2}(1-\beta_3)\frac{1}{l^{(0)}(1)} \right]^{-1} \right) \\[3mm]
\hat{b}(t+1) ={}& \left[\alpha_1\alpha_3^{t-1} + \frac{\alpha_2(1-\alpha_3^t)}{1-\alpha_3} - \alpha_3^{t-1}(1-\alpha_3)\frac{1}{\tilde{\otimes}^{(0)}(1)} \right]^{-1} \\
& - \frac{1}{2}\left(\left[\beta_1\beta_3^{t-1} + \frac{\beta_2(1-\beta_3^t)}{1-\beta_3} - \beta_3^{t-1}(1-\beta_3)\frac{1}{l^{(0)}(1)} \right]^{-1} \right. \\
& \left. - \left[\beta_1\beta_3^{t-2} + \frac{\beta_2(1-\beta_3^{t-1})}{1-\beta_3} - \beta_3^{t-2}(1-\beta_3)\frac{1}{l^{(0)}(1)} \right]^{-1} \right)
\end{aligned}
\end{cases} \tag{5-36}
$$

5.2.5　灰色 Verhulst 预测模型误差检验

构建任意一个预测模型，只有通过了精度检验才能确保其预测的合理性和准确性。而本书构建的灰色 Verhulst 模型可采用残差合格模型进行检验。

1. 时点数据的预测模型误差检验误差

设原始序列为 $X^{(0)} = [x^{(0)}(1), x^{(0)}(2), \cdots, x^{(0)}(n)]$，运用预测模型进行模拟后的序列为：$\hat{X}^{(0)} = (\hat{x}^{(0)}(1), \hat{x}^{(0)}(2), \cdots, \hat{x}^{(0)}(n))$。则残差序列

为式 (5 - 37)。

$$\varepsilon^{(0)} = (\varepsilon(1),\varepsilon(2),\cdots,\varepsilon(n)) = (x^{(0)}(1) - \hat{x}^{(0)}(1), x^{(0)}(2) - \hat{x}^{(0)}(2),\cdots,x^{(0)}(n) - \hat{x}^{(0)}(n)) \qquad (5-37)$$

相对误差序列为式 (5 - 38)。

$$\Delta = \left(\left| \frac{\varepsilon(1)}{x^{(0)}(1)} \right|, \left| \frac{\varepsilon(2)}{x^{(0)}(2)} \right|, \cdots, \left| \frac{\varepsilon(n)}{x^{(0)}(n)} \right| \right) = \{\Delta_k\}_1^n \qquad (5-38)$$

(1) 对于 $k \leqslant n$，称 $\Delta_k = \left| \frac{\varepsilon(k)}{x^{(0)}(k)} \right|$ 为 k 点模拟相对误差，称 $\bar{\Delta} = \frac{1}{n} \sum_{k=1}^{n} \Delta_k$ 为平均相对误差；

(2) 称 $1 - \bar{\Delta}$ 为平均相对精度，$1 - \Delta_k$ 为 k 点的模拟精度，$k = 1,2,\cdots,n$；

(3) 给定 α，当 $\bar{\Delta} < \alpha$ 且 $\Delta_n < \alpha$ 成立时，称模型为残差合格模型。

本书预测模型在 k 点的伤病员实际值与预测值的差值称为 k 点的残差，残差与实际值之比为在 k 点的相对残差，通过计算每个时刻的残差及相对残差，即可计算平均相对残差，然后查阅平均相对残差表（见表 5 - 2）判断该灰色 Verhulst 模型的精度等级。

表 5 - 2　　　　　　　　　　时点数据精度检验等级参照表

精度等级	相对误差 α
一级	0.01
二级	0.05
三级	0.10
四级	0.20

朱宝璋（1991）、吕安林（1998）等先后对灰色预测模型的误差精度进行了深入研究，根据他们的研究成果可知：对于工程实际而言，一般 β 低于 0.2 即为合格。

2. 区间数据的预测模型误差检验

设原始区间灰数序列为式（5 - 39）

$$X^{(0)} = \left[x^{(0)}(1), x^{(0)}(2), \cdots, x^{(0)}(n) \right] = \left(\left[a_1, b_1 \right], \left[a_2, b_2 \right], \cdots, \left[a_n, b_n \right] \right)$$

$$(5 - 39)$$

运用预测模型进行模拟后的序列为式（5 - 40）

$$\hat{X}^{(0)} = \left[\hat{x}^{(0)}(1), \hat{x}^{(0)}(2), \cdots, \hat{x}^{(0)}(n) \right] = \left(\left[\hat{a}_1, \hat{b}_1 \right], \left[\hat{a}_2, \hat{b}_2 \right], \cdots, \left[\hat{a}_n, \hat{b}_n \right] \right)$$

$$(5 - 40)$$

上界及下界原始序列为：

$$A = (a_1, a_2, \cdots, a_n), B = (b_1, b_2, \cdots, b_n)$$

上界及下界模拟序列为：

$$\hat{A} = (\hat{a}_1, \hat{a}_2, \cdots, \hat{a}_n), \hat{B} = (\hat{b}_1, \hat{b}_2, \cdots, \hat{b}_n)$$

则上界残差序列为式（5 - 41）

$$\varepsilon_a = \left[\varepsilon_a(1), \varepsilon_a(2), \cdots, \varepsilon_a(n) \right] = (a_1 - \hat{a}_1, a_2 - \hat{a}_2, \cdots, a_n - \hat{a}_n)$$

$$(5 - 41)$$

下界残差序列为式（5 - 42）

$$\varepsilon_b = \left[\varepsilon_b(1), \varepsilon_b(2), \cdots, \varepsilon_b(n) \right] = (b_1 - \hat{b}_1, b_2 - \hat{b}_2, \cdots, b_n - \hat{b}_n)$$

$$(5 - 42)$$

计算得上界相对误差序列为式（5 - 43）

$$\Delta_a = (\Delta_a(1), \Delta_a(2), \cdots, \Delta_a(n)) = \left(\left| \frac{\varepsilon_a(1)}{a_1} \right|, \left| \frac{\varepsilon_a(2)}{a_2} \right|, \cdots, \left| \frac{\varepsilon_a(n)}{a_n} \right| \right)$$

$$(5 - 43)$$

下界相对误差序列为式（5 - 44）

$$\Delta_b = (\Delta_b(1), \Delta_b(2), \cdots, \Delta_b(n)) = \left(\left| \frac{\varepsilon_b(1)}{b_1} \right|, \left| \frac{\varepsilon_b(2)}{b_2} \right|, \cdots, \left| \frac{\varepsilon_b(n)}{b_n} \right| \right)$$

$$(5 - 44)$$

（1）对于 $k \leqslant n$，称 $\Delta_a(k) = \left| \dfrac{\varepsilon_a(k)}{a_k} \right|$ 为上界序列在 k 点模拟相对误

差，称 $\bar{\Delta}_a = \dfrac{1}{n} \sum_{k=1}^{n} \Delta_a(k)$ 为上界序列的平均相对误差。同理，称 $\Delta_b(k) = $

$\left| \dfrac{\varepsilon_b(k)}{b_k} \right|$ 为上界序列在 k 点模拟相对误差，称 $\overline{\Delta}_b = \dfrac{1}{n} \sum\limits_{k=1}^{n} \Delta_b(k)$ 为上界序列的平均相对误差。

（2）称 $\overline{\Delta} = \dfrac{1}{2}(\overline{\Delta}_a + \overline{\Delta}_b)$ 为模型的综合平均模型相对误差。

（3）称 $1 - \overline{\Delta}$ 为综合平均相对精度，$1 - \Delta_k$ 为 k 点的综合平均模拟精度，$k = 1, 2, \cdots, n$。

（4）给定 α，当 $\overline{\Delta} < \alpha$ 且 $\Delta_a(n) < \alpha$、$\Delta_b(n) < \alpha$ 成立时，称该模型为残差合格模型。

任何灰色模型预测的结果都要通过精度检验来判断结果是否合理，只有通过了精度检验的灰色预测模型才能确保其预测值的合理性和准确性。k 点的上下界实际值与预测值之差称为 k 点的上下界残差；上下界残差与实际值之比称为在 k 点的上下界相对误差；上下界相对误差的均值为模型的综合平均模拟相对误差。通过计算上下界每个点的残差以及相对误差，即可计算上下界平均相对误差及模型的综合平均模拟相对误差，然后查阅平均相对误差表（见表 5 – 3）判断预测模型的精度等级。

表 5 – 3　　　　　　　　　　**区间数据模拟精度检验**

精度等级	相对误差 β	
一级	上界序列	0.01
	下界序列	0.01
二级	上界序列	0.05
	下界序列	0.05
三级	上界序列	0.10
	下界序列	0.10
四级	上界序列	0.20
	下界序列	0.20

5.3 基于灰色 Verhulst 模型大规模地震灾害伤病员人数预测模型实例检验

5.3.1 时点序列数据实例分析

本书以 2010 年 4 月发生在青海省玉树市 7.1 级大地震统计数据为实例，分别利用经典灰色 Verhulst 预测模型和灰色离散 Verhulst 预测模型，对伤病员人数进行预测与仿真检验。书中数据来自中国地震局"青海玉树 7.1 级地震专辑"官方发布的地震伤病员统计数（以 1 天为时间间隔）。

原始序列为 $R^{(0)} = [9110, 11486, 11849, 12128, 12135]$，建立灰色 Verhulst 模型直接对 $R^{(0)}$ 进行模拟。均值生成序列 $Z1 = [10293.50, 11663.00, 11968.50]$。

利用最小二乘法，对发展系数 a 和灰色作用量 b 进行参数估计为式 (5-45)~式 (5-47)。

$$E = \begin{bmatrix} -z^{(1)}(2) & (z^{(1)}(2))^2 \\ -z^{(1)}(3) & (z^{(1)}(3))^2 \\ -z^{(1)}(4) & (z^{(1)}(4))^2 \\ -z^{(1)}(5) & (z^{(1)}(5))^2 \end{bmatrix} = \begin{bmatrix} -10298 & 106048804 \\ -11667.5 & 136130556 \\ -11988.5 & 143724132 \\ -12131.5 & 147173292 \end{bmatrix} \tag{5-45}$$

$$Y = \begin{bmatrix} r^{(0)}(2) \\ r^{(0)}(3) \\ r^{(0)}(4) \\ r^{(0)}(5) \end{bmatrix} = \begin{bmatrix} 11486 \\ 11849 \\ 12128 \\ 12135 \end{bmatrix} \tag{5-46}$$

$$\hat{\alpha} = \begin{bmatrix} a \\ b \end{bmatrix}^T = (E^T E)^{-1} E^T Y = \begin{bmatrix} -1.5156 \\ -0.0001 \end{bmatrix} \tag{5-47}$$

取 $s^{(1)}(0) = s^{(1)}(1) = 9110$，计算可得灰色 Verhulst 模型的时间响应式为 (5-48)。

$$\hat{r}^{(1)}(t+1) = \frac{-13807.1161}{-1.1420 - 0.3736 e^{-1.5156t}} \tag{5-48}$$

根据式（5-48）对玉树地震受伤人员数量进行模拟和预测。2010年4月14~18日青海省玉树地震受伤人员数量的模拟值为式（5-49）~式（5-52）。

$$\hat{r}^{(1)}(2) = \frac{-13807.1161}{-1.1420 - 0.3736\, e^{-1.5156 \times 1}} = 11280 \qquad (5-49)$$

$$\hat{r}^{(1)}(3) = \frac{-13807.1161}{-1.1420 - 0.3736\, e^{-1.5156 \times 2}} = 11903 \qquad (5-50)$$

$$\hat{r}^{(1)}(4) = \frac{-13807.1161}{-1.1420 - 0.3736\, e^{-1.5156 \times 3}} = 12049 \qquad (5-51)$$

$$\hat{r}^{(1)}(5) = \frac{-13807.1161}{-1.1420 - 0.3736\, e^{-1.5156 \times 4}} = 12081 \qquad (5-52)$$

模拟数据误差如表5-4所示。

表5-4　　　　　　　　　　　灰色 Verhulst 模型模拟误差检验

序号	实际数据 $r(t)$	模拟数据 $\hat{r}(t)$	残差 $\varepsilon(t) = r(t) - \hat{r}(t)$	相对误差(%) $\Delta_t = \left\| \dfrac{\varepsilon(t)}{r(t)} \right\|$
2	11486	11280	206	1.793
3	11849	11903	-54	0.456
4	12128	12049	79	0.651
5	12135	12081	54	0.445
平均相对误差 $\bar{\Delta} = (\Delta_2 + \Delta_3 + \Delta_4 + \Delta_5)/4$				0.836

由表5-4可知，灰色 Verhulst 模型的平均相对误差为0.836%，模拟精度高达99.1%，准确的描述了青海省玉树地震受伤人员数量的变化。

同理，对数据运用灰色离散 Verhulst 模型进行预测可得结果如表5-5所示。

表 5 – 5　　　　　　灰色离散 Verhulst 模型模拟误差检验

序号	实际数据 $r(t)$	模拟数据 $\hat{r}(t)$	残差 $\varepsilon(t) = r(t) - \hat{r}(t)$	相对误差(%) $\Delta_t = \left\| \dfrac{\varepsilon(t)}{r(t)} \right\|$
2	11486	11477	9	0.075
3	11849	11886	– 37	0.309
4	12128	12076	52	0.432
5	12135	12162	– 27	0.219
平均相对误差 $\overline{\Delta} = (\Delta_2 + \Delta_3 + \Delta_4 + \Delta_5)/4$				0.259

由表 5 – 5 可知，灰色离散 Verhulst 模型的平均相对误差为 0.259%，模拟精度高达 99.7%，很好的描述了青海省玉树地震受伤人员数量的变化。

5.3.2　区间数据实例分析

以 2010 年 4 月发生在青海省玉树市的 7.1 级大地震伤病员人数统计数据为例，利用基于信息分解的连续区间灰数 Verhulst 预测模型，对伤病员人数进行预测与检验。书中数据来自中国地震局"青海玉树 7.1 级地震专辑"官方发布的地震伤病员统计数（以 1 天为时间间隔），如表 5 – 6 所示。

表 5 – 6　　　　　　地震后伤病员人数区间灰数

距离地震发生时间(天)	1	2	3	4
伤病员人数区间	[9110,11486]	[11486,11849]	[11849,12128]	[12128,12135]

步骤 1：连续区间灰数的白部序列为式（5 – 53）。

$$R^{(0)} = (9110,11486,11849,12128) \qquad (5 – 53)$$

步骤 2：连续区间灰数的灰部序列为式（5 – 54）。

$$H^{(0)} = (2376,363,279,7) \qquad (5 – 54)$$

经 1 – AGO 后得序列为式（5 – 55）。

$$H^{(1)} = (2376,2739,3018,3025) \qquad (5 – 55)$$

步骤 3：建立白部序列的灰色 Verhulst 模型，得到模拟序列为式（5 – 56）。

$$\hat{r} = (9110, 11280, 11903, 12049) \tag{5-56}$$

步骤4：对灰部序列的 $1-AGO$ 序列建立灰色 Verhulst 模型，得到模拟序列为式（5-57）。

$$\hat{h}^{(1)} = (2376, 2754, 2948, 3037) \tag{5-57}$$

经累减还原得灰部序列的模拟序列为式（5-58）。

$$\hat{h}^{(0)} = (2376, 378, 194, 89) \tag{5-58}$$

步骤5：则区间的下界序列模拟值为式（5-59）。

$$\hat{a} = (9110, 11280, 11903, 12049) \tag{5-59}$$

区间的上界序列模拟值为式（5-60）。

$$\hat{b} = (11486, 11658, 12097, 12138) \tag{5-60}$$

步骤6：由公式 $\bar{\Delta} = \dfrac{1}{n-1}\sum\limits_{i=2}^{n}\Delta_i$ 可得，区间下界平均模拟相对误差为 0.967%；区间上界平均模拟相对误差为 0.631%；区间综合平均模拟相对误差为 0.799%。

具体曲线拟合如图 5-2 所示，误差分析及模拟结果如表 5-7 ~ 表 5-9 所示。

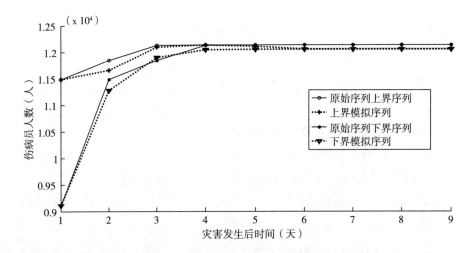

图5-2　区间灰数上下界模拟对比

表 5-7　　　　　　　　　　　　　　　　　　下界序列误差检验

序号		实际值 $x(t)$	模拟值 $\hat{x}(t)$	残差 $\varepsilon(t) = x(t) - \hat{x}(t)$	相对误差（%） $\Delta_t = \left\lvert \dfrac{\varepsilon(t)}{x(t)} \right\rvert$
下界序列	2	11486	11280	206	1.793
	3	11849	11903	−54	0.456
	4	12128	12049	79	0.651
下界序列模拟平均相对误差 $\overline{\Delta}(1) = (\Delta_2 + \Delta_3 + \Delta_4)/3$					0.967

表 5-8　　　　　　　　　　　　　　　　　　上界序列误差检验

序号		实际值 $x(t)$	模拟值 $\hat{x}(t)$	残差 $\varepsilon(t) = x(t) - \hat{x}(t)$	相对误差（%） $\Delta_t = \left\lvert \dfrac{\varepsilon(t)}{x(t)} \right\rvert$
上界序列	2	11849	11658	191	1.612
	3	12128	12097	31	0.256
	4	12135	12138	−3	0.025
上界序列模拟平均相对误差 $\overline{\Delta}(2) = (\Delta_2 + \Delta_3 + \Delta_4)/3$					0.631
综合平均模拟相对误差 $\overline{\Delta}(3) = (\overline{\Delta}(1) + \overline{\Delta}(2))/2$					0.799

表 5-9　　　　　　　　　　　　　　　　　　区间模拟值

时间（天）	原区间	模拟预测区间
1	[9110,11486]	[9110,11486]
2	[11486,11849]	[11280,11658]
3	[11849,12128]	[11903,12097]
4	[12128,12135]	[12048,12138]
5	[12135,12135]	[12055,12109]
6	[12135,12135]	[12056,12063]
7	[12135,12135]	[12057,12060]
8	[12135,12135]	[12057,12058]
9	[12135,12135]	[12057,12058]

由计算结果可知：用基于信息分解的连续区间灰数 Verhulst 预测模型对青海玉树地震发生初期灾区伤病员人数进行模拟，求得的区间上界平均模拟相对误差为 0.631%，区间下界平均模拟相对误差为 0.967%，区间综合平均模拟相对误差为 0.799%，其模拟的精度高达 99.201%，属于一级预测精度等级。因此，连续区间灰数 Verhulst 预测模型能有效地预测地震灾害初期的伤病员人数的动态变化过程。

随着救援行动的进一步开展，一部分轻伤病员会逐渐康复并退出治疗，一部分重伤病员在经过简单的处理后被送往安全地区医疗条件较好的大医院接受进一步的治疗，因此整体伤病员人数会出现小幅度的下降，而后伤病员总人数逐渐保持在一个相对稳定的水平。由表 5 - 9 可以看出，对大规模地震灾害发生的第 5~9 天的伤病员人数预测的区间上界数据出现一定的减少，而后稳定在一个值，这跟实际情况是吻合的。

5.3.3　四种区间灰数模型模拟效果对比

下面分别以 2010 年 4 月发生在青海玉树 7.1 级大地震和 2013 年 4 月发生在四川芦山的 7.0 级大地震为实例，进行两个对比分析：一是将基于核和测度的区间灰数离散 Verhulst 预测模型与其他三种区间灰数预测模型对比分析；二是将基于核和测度的区间灰数离散 Verhulst 预测模型与时点序列的灰色 Verhulst 模型、灰色离散 Verhulst 模型对比分析。表 5 - 10 数据来自中国地震局官方发布的地震伤病员统计数。

表 5 - 10　　　　　　　　　　三组原始数据　　　　　　　　单位：人

玉树间隔 0.5 天	玉树间隔 1 天	芦山间隔 0.5 天
[8000,9110]	[9110,11486]	[2168,6700]
[9110,11477]	[11486,11849]	[6700,11393]
[11477,11486]	[11849,12128]	[11393,11460]
[11486,11744]	[12128,12135]	[11460,11470]
[11744,11849]	[12135,12135]	[11470,11470]
[11849,12088]	[12135,12135]	[11470,11470]

续表

[12088,12128]	[12135,12135]	[11470,11470]
[12128,12128]	[12135,12135]	[11470,11470]
[12128,12128]	[12135,12135]	[11470,11470]

在统计数据中，随着救援行动的开展，在一段时间后伤病员基本被找到，因此在若干天后伤病员人数稳定到某一个数值不再增加。

利用上述三组数据计算所得的上下界平均模拟相对误差以及综合平均模拟相对误差如表 5.11 所示。

表 5 – 11　　　　　　　　　　误差对比分析　　　　　　　　　单位：%

数据分类	所用模型	下界平均模拟相对误差	上界平均模拟相对误差	综合平均模拟相对误差
玉树间隔 0.5 天	基于信息分解法的区间灰数 Verhulst 模型	2.05300	2.19300	2.12300
	基于核和测度法的区间灰数 Verhulst 模型	2.17200	1.13900	1.65600
	基于信息分解法的区间灰数离散 Verhulst 模型	1.43400	0.84800	1.14100
	基于核和测度法的区间灰数离散 Verhulst 模型	1.07900	0.59500	0.83700
玉树间隔 1 天	基于信息分解法的区间灰数 Verhulst 模型	0.96700	0.63100	0.79900
	基于核和测度法的区间灰数 Verhulst 模型	0.61000	0.41000	0.51000
	基于信息分解法的区间灰数离散 Verhulst 模型	0.25900	0.26900	0.26400
	基于核和测度法的区间灰数离散 Verhulst 模型	0.00015	0.00015	0.00015
芦山间隔 0.5 天	基于信息分解法的区间灰数 Verhulst 模型	4.06900	1.71800	2.89400
	基于核和测度法的区间灰数 Verhulst 模型	2.90600	1.84000	2.37400
	基于信息分解法的区间灰数离散 Verhulst 模型	0.01460	0.01160	0.01310
	基于核和测度法的区间灰数离散 Verhulst 模型	0.00347	0.00250	0.00299

通过对玉树地震间隔 0.5 天、玉树地震间隔 1 天、芦山地震间隔 0.5 天三组数据分别用所构建的 4 种灰色连续区间模型进行模拟预测，得出表 5 – 11 的结果。通过分析可以得出如下结论。

第一，同一组数据、在灰色 Verhulst 模型中，核和测度法的模型模拟误差低于信息分解法的。

第二，同一组数据、同一种区间灰数白化方法下，灰色离散 Verhulst 模型的模拟误差低于传统灰色 Verhulst 模型的模拟误差。

第三，灰色离散 Verhulst 模型对模拟误差的影响明显大于区间灰数白化方法的不同对模拟误差的影响。

第四，基于核和测度的区间灰数离散 Verhulst 模型预测效果最好。

核和测度白化法之所以比信息分解白化法模拟误差小，是因为数据中区间长度，也就是灰部和测度并没有一定的规律性，在开始的区间中会很大，然后突然变得很小，又增大减小，用信息分解白化法来对区间数据进行分割时，因为白部的变化与灰部有关，如此不规律的数据必然导致白部受到影响。而在核和测度白化法中，核取的是上下界的中点，在一定程度上弱化了这种不规律性的影响，从而显示出一定的优越性，误差相对用信息分解法的模型较小。

5.3.4　区间灰数模型与时点序列模型模拟效果对比

下面将基于核和测度的区间灰数离散 Verhulst 模型时点序列模型进行对比，结果如表 5 - 12 所示。

表 5 - 12　　　　　构建模型与实数序列模型误差对比　　　　单位：%

数据分类	所用模型	平均模拟相对误差
玉树间隔 0.5 天	时点序列的灰色 Verhulst 模型	2.05300
	时点序列的灰色离散 Verhulst 模型	1.43400
	基于核和测度的区间灰数离散 Verhulst 模型	0.83700
玉树间隔 1 天	时点序列的灰色 Verhulst 模型	0.84500
	时点序列的灰色离散 Verhulst 模型	0.25900
	基于核和测度的区间灰数离散 Verhulst 模型	0.00015
芦山间隔 0.5 天	时点序列的灰色 Verhulst 模型	3.27000
	时点序列的灰色离散 Verhulst 模型	0.02180
	基于核和测度的区间灰数离散 Verhulst 模型	0.00299

　　从表 5-12 可以看出，基于核和测度的连续区间灰数离散 Verhulst 模型的平均模拟相对误差明显低于实数序列的 GM（1，1）模型、灰色 Verhulst 模型和灰色离散 Verhulst 模型，表现出了良好的预测效果。

　　灰色离散 Verhulst 模型之所以展示出比灰色 Verhulst 模型有优势，是因为在建模的过程中，灰色 Verhulst 模型需要进行一阶累加生成，从而使数据显示出指数的规律，而灰色离散 Verhulst 模型是直接生成原始序列的倒数列，规避了一阶累加生成的步骤，扩展了适用范围，使得对于近似饱和"S"形数据序列模型依然适用。同时，灰色 Verhulst 模型的基本形式是离散的，其白化形式是连续的，从白化形式转换到离散形式的过程导致了系统误差。灰色离散 Verhulst 模型能消除由微分方程跳到差分方程时产生的误差。同时，连续区间模拟结果较实数序列的模拟预测精度高。

　　综上所述，本书构建的基于核和测度的区间灰数离散 Verhulst 预测模型对于大规模地震灾害应急救援中伤病员人数的预测具有非常好的预测效果，能准确、有效地模拟伤病员人数变化趋势，从而利用伤病员人数与药品需求量之间的关系对灾害中应急救援药品需求的种类和数量进行比较准确的预测，保障救治的效率和质量。

5.4　大规模地震灾害药品类救援物资需求预测

　　面对伤病员人数与药品需求量之间的关系进行阐述：冯惠坚（2003）等医学专家采用类比方法，以唐山大地震中的创伤分类为基础，对地震伤病员的创伤分类与用药品种、创伤严重度和用药量之间的关系进行了系统分析。

　　其中，不同的地震创伤类对用药量有明显的影响。按伤类分组，各组用药量呈现明显的差别。以输液的人均用量为例，颅脑伤的晶体液用量是脊柱伤的 1.23 倍，是骨折伤的 1.68 倍，表明受伤部位及伤势轻重对药品需求不同。颅脑伤抗感染药物用量也居首位，而骨折伤与脊柱伤则无明显差别。不同的地震创伤伤类对用药品种有一定的影响。研究结果中颅脑伤用药品品种略多于其他两组，特别是神经系统用药，但其中的镇痛药在 3 组中没有太大差别，只是麻醉性镇痛药在骨伤中用得略多，颅脑伤使用较少，这是因为麻醉性镇痛药不适合颅脑伤伤员。

研究中作者以线性回归分析的方法对创伤严重度与药品需求量之间的关系进行了计算，并参考地震中三类伤的大体比例（骨折:脊柱伤:颅脑伤 =73:25:2），初步确定地震灾害救治药品的品种，可以研究样本中的用药品种为基础，数量则按以下公式确定：0.73 骨折用药量 +0.25 脊柱伤用药量 +0.02 颅脑伤用药量，最终得出大规模地震灾害应急救援中的药品需求种类和数量与地震灾害中的伤病员人数的线性相关关系，即地震灾害紧急救助中每救助 100 名伤病员对常规的 40 种镇痛药、抗感染药、止血药、水和电解质类等应急救助药品需求量如表 5 - 13 所示。

表 5 - 13　　　　每救治 100 名地震伤病员所需主要药品品种与数量

药品名称	数量	药品名称	数量
注射用青霉素 G 钠(80 万/瓶)	580	5% 葡萄糖注射液(瓶)	460
注射用头孢拉定(1g/瓶)	2100	10% 葡萄糖注射液(瓶)	390
注射用头孢曲松(1g/瓶)	350	0.9% 氯化钠注射液(瓶)	65
注射用丁胺卡那霉素(0.2g/瓶)	1000	葡萄糖氯化钠注射液(瓶)	510
环丙沙星注射液(0.2g/支)	98	平衡液(瓶)	430
甲硝唑注射液(0.5%,250ml/瓶)	225	3% 氯化钠注射液(100ml/瓶)	30
氟哌酸胶囊(0.1g/粒)	20	706 代血浆(瓶)	4
度冷丁注射液(100mg/支)	50	低分子右旋糖酐(瓶)	12
去痛片(0.5g/片)	100	复方氨基酸注射液(瓶)	25
立止血(1KU/瓶)	6	甘露醇注射液(250ml/瓶)	75
止血敏注射液(0.25g/支)	800	人血白蛋白(20%/支)	45
止血芳酸注射液(0.1g/支)	280	速尿注射液(0.02g/支)	110
注射用苯巴比妥钠(0.1g/支)	100	胰岛素注射液(400u/瓶)	3
安定注射液(10mg/支)	10	辅酶 A 注射液(100u/支)	26
安定片(2.5mg/片)	110	三磷酸腺苷注射液(20mg/支)	48

续表

药品名称	数量	药品名称	数量
阿托品注射液(5mg/支)	10	氯化钾注射液(10ml/支)	200
山莨菪碱注射液(10mg/支)	30	地塞米松注射液(5mg/支)	400
维生素 C 注射液(0.5g/支)	2000	法莫替丁(20mg/支)	30
维生素 C 片(0.1g/片)	100	酚酞片(片)	180
维生素 B6 注射液(0.1g/支)	10	开塞露(20ml/支)	90

由于地震伤的实际救治数据很难收集并且历次灾害所造成的创伤不尽相同，每次所需药品的需求量不可能完全准确的预测。冯惠坚等医学专家采用类比方法对伤类进行划分，对需求量进行一个近似估计虽然存在一定的偏差，但其在一定程度上反映了实际情况，也具有较高的可信度。同时，现在对于地震药品需求种类和数量的预测并没有一个十分精确的预测方法的情况下，此法尤为显得重要。

用基于核和测度的连续区间灰数离散 Verhulst 模型对伤病员人数进行预测，得到了大规模地震灾害发生后的伤病员人数，再乘以上述常规应急救治药品的用药系数，就可以快速而准确地计算出大规模地震灾害发生后的紧急救助药品的品种和数量。使用同样的预测方法，可以计算出大规模地震发生后每个周期时间内灾区对应急救治药品的种类和数量的需求。

由表 5 - 13 的每 100 人用药量可得出 40 种主要种类药品人均药剂量，并将得到的四川芦山地震灾害发生后第 1.5 ~ 2 天的伤病员数乘以上述 40 种常规紧急救助药品的人均药剂量，就可以快速而准确地计算出四川芦山地震灾害发生后第 2 天的应急救援药品种类和数量的需求，具体如表 5 - 14 所示。一旦能够准确有效地获得地震灾害紧急救助中的药品品类和数量的需求，大规模地震灾害救援的指挥部就能及时有效地调拨和供应灾区对应急救援药品的需求，从而保障地震灾害应急救治的效率和质量。

表 5-14　芦山地震发生后第 2 天紧急救援伤病员需求的主要药品品种及数量

药品名称	人均药剂量	下界需求实际总量	上界需求实际总量	下界需求预测总量	上界需求预测总量	下界误差	上界误差
注射用青霉素 G 钠(80 万/瓶)	5.80	66468.0	66526.0	66470.900	66526.0	2.900	0.029
注射用头孢拉定(1g/瓶)	21.00	240660.0	240870.0	240670.500	240870.0	10.500	0.105
注射用头孢曲松(1g/瓶)	3.50	40110.0	40145.0	40111.750	40145.0	1.750	0.018
注射用丁胺卡那霉素(0.2g/瓶)	10.00	114600.0	114700.0	114605.000	114700.0	5.000	0.050
环丙沙星注射液(0.2g/支)	0.98	11230.8	11240.6	11231.290	11240.6	0.490	0.005
甲硝继注射液(0.5%,250mL/瓶)	2.25	25785.0	25807.5	25786.130	25807.5	1.125	0.011
氟哌酸胶囊(0.1g/粒)	0.20	2292.0	2294.0	2292.100	2294.0	0.100	0.001
度冷丁注射液(100mg/支)	0.50	5730.0	5735.0	5730.250	5735.0	0.250	0.003
去痛片(0.5g/片)	1.00	11460.0	11470.0	11460.500	11470.0	0.500	0.005
立止血(1KU/瓶)	0.06	687.6	688.2	687.630	688.2	0.030	0.000
止血敏注射液(0.25g/支)	8.00	91680.0	91760.0	91684.000	91760.0	4.000	0.040
止血芳酸注射液(0.1g/支)	2.80	32088.0	32116.0	32089.400	32116.0	1.400	0.014
注射用苯巴比妥钠(0.1g/支)	1.00	11460.0	11470.0	11460.500	11470.0	0.500	0.005
安定注射液(10mg/支)	0.10	1146.0	1147.0	1146.050	1147.0	0.050	0.000

续表

药品名称	人均药剂量	下界需求实际总量	上界需求实际总量	下界需求预测总量	上界需求预测总量	下界误差	上界误差
安定片（2.5mg/片）	1.10	12606.0	12617.0	12606.550	12617.0	0.550	0.006
阿托品注射液（5mg/支）	0.10	1146.0	1147.0	1146.050	1147.0	0.050	0.000
山莨菪碱注射液（10mg/支）	0.30	3438.0	3441.0	3438.150	3441.0	0.150	0.002
维生素 C 注射液（0.5g/支）	20.00	229200.0	229400.0	229210.000	229400.0	10.000	0.100
维生素 C 片（0.1g/片）	1.00	11460.0	11470.0	11460.500	11470.0	0.500	0.005
维生素 B6 注射液（0.1g/支）	0.10	1146.0	1147.0	1146.050	1147.0	0.050	0.000
5% 葡萄糖注射液（瓶）	4.60	52716.0	52762.0	52718.300	52762.0	2.300	0.023
10% 葡萄糖注射液（瓶）	3.90	44694.0	44733.0	44695.950	44733.0	1.950	0.020
0.9% 氯化钠注射液（瓶）	0.65	7449.0	7455.5	7449.325	7455.5	0.325	0.003
葡萄糖氯化钠注射液（瓶）	5.10	58446.0	58497.0	58448.550	58497.0	2.550	0.026
平衡液（瓶）	4.30	49278.0	49321.0	49280.150	49321.0	2.150	0.022
3% 氯化钠注射液（100ml/瓶）	0.30	3438.0	3441.0	3438.150	3441.0	0.150	0.002
706 代血浆（瓶）	0.04	458.4	458.8	458.420	458.8	0.020	0.000
低分子右旋糖酐（瓶）	0.12	1375.2	1376.4	1375.260	1376.4	0.060	0.000

111

续表

药品名称	人均药剂量	下界需求实际总量	上界需求实际总量	下界需求预测总量	上界需求预测总量	下界误差	上界误差
复方氨基酸注射液(瓶)	0.25	2865.0	2867.5	2865.125	2867.5	0.125	0.001
甘露醇注射液(250ml/瓶)	0.75	8595.0	8602.5	8595.375	8602.5	0.375	0.004
人血白蛋白(20%/支)	0.45	5157.0	5161.5	5157.225	5161.5	0.225	0.002
速尿注射液(0.02g/支)	1.10	12606.0	12617.0	12606.550	12617.0	0.550	0.006
胰岛素注射液(400u/瓶)	0.03	343.8	344.1	343.815	344.1	0.015	0.000
辅酶A注射液(100u/支)	0.26	2979.6	2982.2	2979.730	2982.2	0.130	0.001
三磷酸腺苷注射液(20mg/支)	0.48	5500.8	5505.6	5501.040	5505.6	0.240	0.002
氯化钾注射液(10ml/支)	2.00	22920.0	22940.0	22921.000	22940.0	1.000	0.010
地塞米松注射液(5mg/支)	4.00	45840.0	45880.0	45842.000	45880.0	2.000	0.020
法莫替丁(20mg/支)	0.30	3438.0	3441.0	3438.150	3441.0	0.150	0.002
酚酞片(片)	1.80	20628.0	20646.0	20628.900	20646.0	0.900	0.009
开塞露(20ml/支)	0.90	10314.0	10323.0	10314.450	10323.0	0.450	0.005

从预测结果可以看出，药品需求量的下界误差控制在 10 个单位以内，相对于总量来说微乎其微。上界误差预测结果中所有种类药品的最大误差量均在 1 个单位以下，因此可以忽略不计。预测结果整体较好，预测精度较高。

表 5 - 14 是预测的芦山地震发生后第二天伤病员所需的 40 种主要药品的数量，用同样的方法可以预测第 1.5 天、2 天、2.5 天等地震发生后短期内各时间周期内药品具体需求量。大规模地震灾害发生后可用救援通道一般较少，不仅药品类救援物资需要及时运往灾区，水、食品、救援设备等多种救援物资均需紧急运输。在此情况下，运用所建模型对每个周期内药品需求种类和数量进行准确预测，可以使指挥调度人员仅优先调运适量的药品类物资，而将通道更多的分配到其他救援物资的运输上。达到合理调运救援物资、合理使用救援通道、最优调度的目的。

第 6 章

基于新陈代谢 GM(1,1) 模型大规模地震灾害生活类救援物资需求预测研究

6.1　大规模地震灾害生活类救援物资需求特性分析

大规模地震灾害的发生常常造成大量房屋倒塌，使得灾区居民的日常生活所需物资的供应中断，不能正常得到补给，但人民对食物、水等生命必不可缺的生活类物资的需求是不间断的。因此，在地震灾害发生后将所需要的物资及时送往灾区，维持人民生命安全，保障其衣食住所需十分重要。同时，在地震灾害发生后，通往灾区的道路很可能不能正常通行或可通行的救援通道较少，而需要运往灾区的救援物资很多，因此对生活类物资需求量进行预测显得尤为重要。大规模地震灾害发生后生活类物资需求呈现出以下特点。

第一，紧急性。大规模地震灾害的发生往往造成多数房屋倒塌并且由于地震预测较难，发生较快，灾区人员没有反应时间去储备生活物资。但其对生活物资的需求是不间断的，不能一日不吃饭、不喝水、不睡觉。同时，如果没有及时的物资供应，灾后心理受创伤的人员容易因为生理需求而发生抢劫等突发冲动行为，造成区域性的社会动荡。

第二，阶段性。大规模地震灾害发生后，生活类救援物资的供应基本

上贯穿救援工作的始终。但其依然有阶段性的特征，不同的阶段灾区人员对物资需求量是有变化的。在救援工作前期，主要是保存生命，对生活类物资的需求表现为较为紧缺的水和食物（简单的能高效维持生命的食物）。随着救援工作的开展，救援通道逐渐畅通，灾区人民不仅需要喝水，还需要对身体进行清洁。灾区人民不仅需要简单的面包，还需要其他营养类食物等，表现出一定的阶段性特征。

6.1.1　大规模地震生活类救援物资需求预测概述

由于大规模地震灾害的发生常常造成人员掩埋，部分严重的会失去生命，而救援中的物资保障是为满足幸存人员所需为目标的，因此有必要对大规模地震灾害生活类救援物资的需求进行预测。

从目前对大规模地震灾害生活类救援物资的需求和供给保障等方面的研究可知，由于大规模地震灾害具有很强的突发性并且容易引发次生灾害，使得灾害发生后的紧急救助具有非常强的不确定性，其相应的对生活类救援物资的需求也具有很强的不确定性，因此直接对大规模地震灾害生活类救援物资的需求进行预测比较困难。

6.1.2　大规模地震生活类救援物资需求与灾害死亡人数间的关系

大规模地震灾害生活类救援物资的需求主要是满足灾区幸存人员的生活所需，因此在对灾区生活类救援物资直接预测比较困难时，我们从幸存人员的角度考虑。对于人生命所需的水和食物，帐篷等物资都有一个均值，即人均每天需求量。我们可以通过预测灾区死亡人员的数量，然后用总的人口数量减去死亡人员数量，就能得到实时幸存人员的数量，再通过物资与人员的比例关系，即可得到灾区对生活类救援物资的需求量。

6.1.3　大规模地震灾害死亡人数统计特性分析

对于伤病员人数的预测，为寻找其统计规律，本书选取青海玉树大规模地震灾害初期伤病员人数统计数据，画出其统计曲线图，如图 6 - 1 所示。

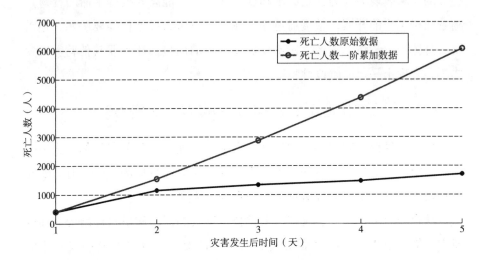

图 6 - 1　地震初期死亡人数原始数据及其一阶累加数据统计分布曲线

通过大规模地震灾害发生后伤病员人数的统计数据分析可以得出，伤病员人数统计数据呈现出 2 个特点。

第一，一阶累加线性关系。对于死亡人数统计数据可以看出，其一阶累加生成表现出近似线性增长的趋势。在救援开始时，由于地震灾害的突发及其强破坏性，造成部分灾区人员直接死亡，死亡人数表现出指数式的快速增长模式，随着救援行动的进一步开展，新发现的死亡逐渐减少，伤病员人数逐渐增多，通过医疗救助能有效减少伤病员死亡，表现出很强的规律性。同时，对于死亡人数的实时统计数据在救援行动开始时便已着手开展，伴随着救援行动的始终，因此也较易获得。

第二，动态变化性。由于我们采取的是用灾区的总人数减去死亡人数得到实时幸存人数。因此，幸存人数表现出动态变化的特征。同时，由于前期用的数据较少，会出现较大误差，我们不断用更新的实时统计数据去修正预测数据，不断地加入新信息，去掉老信息，这样得到的数据精度会越来越高。

6.1.4　大规模地震生活类救援物资需求预测方法选择

通过以上分析可知：首先，大规模地震灾害生活类救援物资需求是非常紧急的，因此在灾害发生后并没有非常多的数据信息提供参考，表现为"贫信息""小样本"的特征；其次，直接构建模型对大规模地震灾害生活类救援物资需求量进行预测比较困难，可以通过预测死亡人数间接得到幸存人数从而预测生活类救援物资的需求量；最后，死亡人数原始数据没有规律，而一阶累加数据呈线性增长趋势，具有较为固定的规律。因此，对于大规模地震灾害生活类救援物资需求量的预测可通过先对灾区死亡人数进行预测，然后依据生活类救援物资需求量与幸存人数之间的关系间接对生活类救援物资需求量进行预测。在模型的选择上，需要考虑到三点：第一，是数据的"贫信息""小样本"性；第二，是死亡人数的一阶累加特征；第三，是死亡人数统计数据的动态变化特征。鉴于以上分析，对大规模地震灾害生活类救援物资的预测我们采取新陈代谢 GM（1，1）模型。

6.2　基于新陈代谢 GM（1，1）模型大规模地震灾害死亡人数预测模型构建

6.2.1　经典灰色 GM（1，1）预测模型

假设非负序列 $R^{(0)} = [r^{(0)}(1), r^{(0)}(2), \cdots, r^{(0)}(n)]$。其中，$r^{(0)}(t) \geq 0(t = 1, 2, \cdots, n)$。

$R^{(1)}$ 为 $R^{(0)}$ 的 $1 - AGO$ 序列，$R^{(1)} = (r^{(1)}(1), r^{(1)}(2), \cdots, r^{(1)}(n))$，其中，$r^{(1)}(t) = \sum_{i=1}^{n} r^{(0)}(i)(i = 1, 2, \cdots, n)$。$Z^{(1)}$ 为 $R^{(1)}$ 的均值生成序列，$Z^{(1)} = (z^{(1)}(2), z^{(1)}(3), \cdots, z^{(1)}(n))$，其中，$z^{(1)}(t) = \frac{1}{2}(x^{(1)}(t) + x^{(1)}(t-1))$，$t = , 3, \cdots, n$。则 $r^{(0)}(t) + az^{(1)}(t) = b$ 称为 $GM(1,1)$ 模型的灰色微分方程。

其中，a 为发展系数，b 为灰作用量。

相应的白化微分方程为式（6 - 1）。

$$\frac{dr^{(1)}}{dt} + ar^{(1)} = b \qquad\qquad (6-1)$$

采用最小二乘法来估计参数 a 和 b，设

$$E = \begin{bmatrix} -z^{(1)}(2) & 1 \\ -z^{(1)}(3) & 1 \\ \vdots & \vdots \\ -z^{(1)}(n) & 1 \end{bmatrix}, Y = \begin{bmatrix} r^{(0)}(2) \\ r^{(0)}(3) \\ \vdots \\ r^{(0)}(n) \end{bmatrix}$$

则灰色微分方程参数列 $\hat{a} = (a,b)^T$ 的最小二乘估计为式（6-2）。

$$\hat{\alpha} = (E^T E)^{-1} E^T Y \qquad\qquad (6-2)$$

可得白化微分方程的解为式（6-3）。

$$\hat{r}^{(1)}(t) = \left(r^{(1)}(1) - \frac{b}{a}\right)e^{at} + \frac{b}{a} \qquad\qquad (6-3)$$

综上所述，即得 GM（1，1）模型。代入不同的 t 值，即可得到相应的 $\hat{r}(t)$。

6.2.2　新陈代谢 GM（1，1）预测模型

新陈代谢 GM（1，1）预测模型的构建过程如下所示。

设 $R^{(0)} = [r^{(0)}(1),r^{(0)}(2),\cdots,r^{(0)}(n)]$ 为原始序列，其中，$r^{(0)}(t)$ 表示 t 时刻的数据，$R^{(1)} = [r^{(1)}(1),r^{(1)}(2),\cdots,r^{(1)}(n)]$ 为 $R^{(0)}$ 的 1-AGO 序列，其中式 $r^{(1)}(t) = \sum_{i=1}^{n} r^{(0)}(i)$ $i = 1,2,\cdots,n$ $Z^{(1)} = [z^{(1)}(2),$ $z^{(1)}(3),\cdots,z^{(1)}n]$ 为 $R^{(1)}$ 的紧邻均值生成序列，其中

$$z^{(1)}(t) = \frac{1}{2}[r^{(1)}(t) + r^{(1)}(t-1)] \quad t = 2,\cdots,n \text{ 则 } r^{(0)}(t) + az^{(1)}(t)$$

$= b$ 为 GM（1，1）模型的基本形式。

设 $\hat{a} = (a,b)^T$ 为参数列，$Y = \begin{bmatrix} r^{(0)}(2) \\ r^{(0)}(3) \\ \vdots \\ r^{(0)}(n) \end{bmatrix}, B = \begin{bmatrix} -z^{(1)}(2) & 1 \\ -z^{(1)}(3) & 1 \\ \vdots & \vdots \\ -z^{(1)}(n) & 1 \end{bmatrix}$，对公

式（6-4）进行最小二乘估计，由于 $Y = B\hat{a}$，对于 $\hat{a}$，$\hat{b}$，用 $-az^{(1)}(t) + b$ 代替 $r^{(0)}(t)$（$t = 2,3,\cdots n$）可得误差序列 $\varepsilon = Y - B\hat{a}$。

设 $f = \varepsilon^T \varepsilon = (Y - B\hat{a})^T(Y - B\hat{a})$，若使 f 最小，应满足式（6-4）。

$$\begin{cases} \dfrac{\partial f}{\partial a} = 2\sum_{t=2}^{n}(r^{(0)}(t) + az^{(1)}(t) - b)z^{(1)}(t) = 0 \\ \dfrac{\partial f}{\partial b} = -2\sum_{t=2}^{n}(r^{(0)}(t) + az^{(1)}(t) - b) = 0 \end{cases} \tag{6-4}$$

解之得式（6-5）。

$$\begin{cases} a = \dfrac{\dfrac{1}{n-1}\sum_{t=2}^{n}r^{(0)}(t)\sum_{t=2}^{n}z^{(1)}(t) - \sum_{t=2}^{n}r^{(0)}(t)z^{(1)}(t)}{\sum_{t=2}^{n}(z^{(1)}(t))^2 - \dfrac{1}{n-1}\left(\sum_{t=2}^{n}z^{(1)}(t)\right)^2} \\ b = \dfrac{1}{n-1}\left[\sum_{t=2}^{n}r^{(0)}(t) + a\sum_{t=2}^{n}z^{(1)}(t)\right] \end{cases} \tag{6-5}$$

又因式（6-6）

$$\hat{a} = (B^T B)^{-1} B^T Y$$

$$= \begin{bmatrix} \dfrac{\dfrac{1}{n-1}\sum_{t=2}^{n}r^{(0)}(t)\sum_{t=2}^{n}z^{(1)}(t) - \sum_{t=2}^{n}r^{(0)}(t)z^{(1)}(t)}{\sum_{t=2}^{n}(z^{(1)}(t))^2 - \dfrac{1}{n-1}\left(\sum_{t=2}^{n}z^{(1)}(t)\right)^2} \\ \dfrac{1}{n-1}\left[\sum_{t=2}^{n}r^{(0)}(t) + a\sum_{t=2}^{n}z^{(1)}(t)\right] \end{bmatrix} \tag{6-6}$$

即

$$\hat{a} = (a,b)^T$$

$r^{(0)}(t) + az^{(1)}(t) = b$ 的白化方程 $\dfrac{dr^{(1)}}{dt} + ar^{(1)} = b$ 的解（也称时间响应函数）为式（6-7）。

$$r^{(1)}(t) = \left(r^{(1)}(1) - \frac{b}{a}\right)e^{-at} + \frac{b}{a} \tag{6-7}$$

时间响应序列为式（6-8）。

$$\hat{r}^{(1)}(t+1) = \left(r^{(0)}(1) - \frac{b}{a}\right)e^{-at} + \frac{b}{a} \tag{6-8}$$

其中，$t = 1,2,\cdots,n$ 还原值为式（6-9）。

$$
\begin{aligned}
\hat{r}^{(0)}(t+1) &= \hat{r}^{(1)}(t+1) - \hat{r}^{(1)}(t) \\
&= (1 - e^a)\left(r^{(0)}(1) - \frac{b}{a}\right)e^{-at}
\end{aligned} \tag{6-9}
$$

其中，$t = 1,2,\cdots,n$

对原始序列做等维处理，即去掉老信息 $r^{(0)}(1)$，补充最新信息 $r^{(0)}(t+1)$，可得到新的数列 $R^{(0)} = [r^{(0)}(2), r^{(0)}(3), \cdots, r^{(0)}(t+1)]$，就形成了新陈代谢 GM（1，1）预测新模型，即

$$r^{(0)}(t) + az^{(1)}(t) = b$$

其中，参数列 $\alpha = (a,b)^T$，$Y = \begin{bmatrix} r^{(0)}(3) \\ r^{(0)}(4) \\ \vdots \\ r^{(0)}(t+1) \end{bmatrix}$，$B = \begin{bmatrix} -z^{(1)}(3) & 1 \\ -z^{(1)}(4) & 1 \\ \vdots & \vdots \\ -z^{(1)}(t+1) & 1 \end{bmatrix}$

代入式（6-5）、式（6-8）、式（6-9），即进行了一次新陈代谢，得到新的预测结果，对第二个序列做等维处理，即去掉老信息 $r^{(0)}(2)$，补充最新信息 $r^{(0)}(t+2)$，可得到新的数列 $R^{(0)} = [r^{(0)}(3), r^{(0)}(3), \cdots, r^{(0)}(t+2)]$，以此数列作为新的原始数列进行运算，依次不断地剔除老信息，添加新信息，即形成了新陈代谢 GM（1，1）预测模型。

6.2.3 灰色离散 GM（1，1）预测模型

假设非负序列 $R^{(0)} = [r^{(0)}(1), r^{(0)}(2), \cdots, r^{(0)}(n)]$。其中，$r^{(0)}(t) \geq 0(t = 1,2,\cdots,n)$。

$R^{(1)}$ 为 $R^{(0)}$ 的 $1-AGO$ 序列，$R^{(1)} = [r^{(1)}(1), r^{(1)}(2), \cdots, r^{(1)}(n)]$，其中，$r^{(1)}(t) = \sum_{i=1}^{k} r^{(0)}(i)(t = 1,2,\cdots,n)$。

若 $\hat{\beta} = (\beta_1, \beta_2)^T$ 为参数列且

$$B = \begin{bmatrix} r^{(1)}(1) & 1 \\ r^{(1)}(2) & 1 \\ \vdots & \vdots \\ r^{(1)}(n-1) & 1 \end{bmatrix}, \quad Y = \begin{bmatrix} r^{(1)}(2) \\ r^{(1)}(3) \\ \vdots \\ r^{(1)}(n) \end{bmatrix}$$

则离散模型 $r^{(1)}(t+1) = \beta_1 r^{(1)}(t) + \beta_2$ 的最小二乘估计参数列满足

$$\hat{\beta} = (B^T B)^{-1} B^T Y$$

可得其递推函数为式（6-10）。

$$\hat{r}^{(1)}(t+1) = \beta_1^t r^{(0)}(1) + \frac{1-\beta_1^k}{1-\beta_1}\beta_2 \tag{6-10}$$

或者为式（6-11）、式（6-12）。

$$\hat{r}^{(1)}(t+1) = \beta_1^t \left(r^{(0)}(1) - \frac{\beta_2}{1-\beta_1} \right) + \frac{\beta_2}{1-\beta_1} \tag{6-11}$$

$$\hat{r}^{(0)}(t+1) = \hat{r}^{(1)}(t+1) - \hat{r}^{(1)}(t)$$

$$= \left(\frac{\beta_1-1}{\beta_1} \right) \left(r^{(0)}(1) - \frac{\beta_2}{1-\beta_1} \right) \beta_1^{\ t} \tag{6-12}$$

综上所述，即得离散 GM（1，1）模型。代入不同的 t 值，即可得到相应的 $\hat{r}(t)$。

6.2.4　新陈代谢离散 GM（1，1）预测模型

对原始序列做等维处理，即去掉老信息 $r^{(0)}(1)$，补充最新信息 $r^{(0)}(t+1)$，可得到新的数列 $R^{(0)} = [r^{(0)}(2), r^{(0)}(3), \cdots, r^{(0)}(t+1)]$，就形成了新陈代谢离散 GM（1，1）预测新模型，即：$q^{(0)}(k) + \alpha z^{(1)}(k) = b$

其中，参数列 $\hat{\beta} = (\beta_1, \beta_2)^T$，$Y = \begin{bmatrix} r^{(1)}(2) \\ r^{(1)}(3) \\ \vdots \\ r^{(1)}(t) \end{bmatrix}$，$B = \begin{bmatrix} r^{(1)}(1) & 1 \\ r^{(1)}(2) & 1 \\ \vdots & \vdots \\ r^{(1)}(t-1) & 1 \end{bmatrix}$

代入式（6-5）、式（6-8）、式（6-9），即进行了一次新陈代谢，

得到新的预测结果，对第二个序列做等维处理，即去掉老信息 $r^{(0)}(2)$，补充最新信息 $r^{(0)}(t+2)$，可得到新的数列 $R^{(0)} = [r^{(0)}(3), r^{(0)}(3), \cdots, r^{(0)}(t+2)]$，以此数列作为新的原始数列进行运算，依次不断地剔除老信息，添加新信息，即形成了新陈代谢离散 GM（1，1）预测模型。

6.2.5　新陈代谢 GM（1，1）预测模型误差检验

预测模型只有通过严格的检验才能够判定其合理性与有效性。同样地，本书通过平均相对误差对新陈代谢 GM（1，1）预测模型的有效性进行检验，当模型模拟误差相对较小时，才能证明该预测模型是有效的，预测结果是有意义的。因此，其有效性检验如下所示。

若 $R^{(0)} = [r^{(0)}(1), r^{(0)}(2), \cdots, r^{(0)}(n)]$ 为原始的死亡人数序列，$\hat{R}^{(0)} = (\hat{r}^{(0)}(1), \hat{r}^{(0)}(2), \cdots, \hat{r}^{(0)}(n))$ 为其估计值，则残差序列为式（6-13）。

$$
\begin{aligned}
\varepsilon^{(0)} &= (\varepsilon^{(0)}(1), \varepsilon^{(0)}(2), \cdots, \varepsilon^{(0)}(n)) \\
&= (r^{(0)}(1), r^{(0)}(2), \cdots, r^{(0)}(n)) \\
&\sim - (\hat{r}^{(0)}(1), \hat{r}^{(0)}(2), \cdots, \hat{r}^{(0)}(n))
\end{aligned} \tag{6-13}
$$

相对误差序列为式（6-14）。

$$
\begin{aligned}
\Delta &= \left(\left| \frac{\varepsilon^{(0)}(1)}{r^{(0)}(1)} \right|, \left| \frac{\varepsilon^{(0)}(2)}{r^{(0)}(2)} \right|, \cdots, \left| \frac{\varepsilon^{(0)}(t)}{r^{(0)}(t)} \right| \right) \\
&= (\Delta_1, \Delta_2, \cdots, \Delta_t)
\end{aligned} \tag{6-14}
$$

平均相对误差式（6-15）。

$$
\bar{\Delta} = \frac{1}{n} \sum_{i=1}^{n} \Delta_i \tag{6-15}
$$

给定 a，若 $\bar{\Delta} \leqslant a$，则称该模型为残差合格模型。通过误差检验的灰色预测模型，才能被称为残差合格模型，才能被应用于预测。

假设大规模地震灾区 t 时刻的死亡人数累计为 $R(t)$，该时刻幸存者的瞬时人数为 $S(t)$，灾区原有的人数规模为 W（可以通过当地政府的人口数据统计获得相关数据）。则如式（6-16）所示。

$$
S(t) = W - R(t) \tag{6-16}
$$

在大规模地震灾害发生后，对灾区实施应急救援中，灾区每日对救援物资的需求总量总是随着灾区当前存活的人口总数而不断变化，与此同时，救援物资的物流运作过程也满足灾区对于应急救援物资的正常的需求，另外一部分为连续两次救援物资配送时间间隔内突发的潜在性救援物资需求短缺量。应急救援物资的物流运作过程中，还可能受交通、天气、技术等众多不确定因素的影响，造成灾区的动态救灾物资需求大于可供给物资。为此，借用现代物流管理的安全库存管理理念来避免这种情况的发生。因此，大规模地震应急救援物资需求预测模型为式（6 - 17）～式（6 - 19）。

$$D_i(t) = a_i \times Y_i(t) \times \bar{T} + z_{1-\alpha} \times STD_i(t) \times \sqrt{\bar{T}}$$

$$= a_i \times (W - \hat{R}(t)) \times \bar{T} + z_{1-\alpha} \times STD_i(t) \times \sqrt{\bar{T}} \tag{6-17}$$

$$STD_i(t) = \sqrt{\frac{\sum_{k=0}^{t-1} \left[D_i(t-k) - \bar{D}_i(t) \right]^2}{t-1}} \tag{6-18}$$

$$\bar{D}_i(t) = \frac{a_i \times \sum_{k=0}^{t-1} S_i(t-k)}{t} \tag{6-19}$$

其中，i 表示应急救援物资的种类，如水、方便面等；

a_i 表示每个人单位时间内对 i 类物资的需求量；

$D_i(t)$ 为灾区 t 时刻对 i 类应急救援物资的需求量；

$\bar{T}$ 为连续两次物资配送的时间间隔上界；

$z_{1-\alpha}$ 为在灾民可容忍物资缺乏率为 α 情况下的安全系数；

$STD_i(t)$ 为 i 类应急救援物资需求在 $\bar{T}$ 时间内的瞬时变化量；

$\bar{D}_i(t)$ 为预测得出 t 时间内应急救援物资需求随时间变化的平均值。

6.3 基于新陈代谢 GM（1，1）模型大规模地震灾害死亡人数预测模型实例检验

6.3.1 实例分析

本书以 2010 年 4 月 14 日 7 时 49 分 40 秒发生在青海省玉树藏族自治州玉树县的 7.1 级大地震为实例，利用新陈代谢 GM（1，1）预测模型，以饮用水为代表对本次大规模地震灾害的消耗性应急救援物资进行预测与仿真检验。书中使用的全部数据均来源于青海玉树地震抗震救灾指挥部公布的官方数据。

1. 数据预处理

将死亡人数等统计资料经过汇总整理，得到死亡人数初始序列（以一天为一个时间段），即：$R^{(0)} = (400,1144,1339,1484,1706,1944,2064, 2183,2187,2192,2203,2220)$

首先选取原始序列的前 5 个数据建模：$R^{(0)} = (400,1144,1339,1484, 1706)$

根据 $r^{(1)}(t) = \sum_{i=1}^{n} r^{(0)}(i)$ $i = 1,2,\cdots,n$，其 1 – AGO 序列为：$R^{(1)} = (400,1544,2883,4367,6073)$

由 $Z^{(1)}(t) = \frac{1}{2}[r^{(1)}(t) + r^{(1)}(t-1)]$ $t = 2,\cdots,n$ 知，其紧邻均值生成序列为：

$Z^{(1)} = (972,2213.5,3625,5220)$

所以，$B = \begin{bmatrix} -972 & 1 \\ -2213.5 & 1 \\ -3625 & 1 \\ -5220 & 1 \end{bmatrix}, Y = \begin{bmatrix} 1144 \\ 1339 \\ 1484 \\ 1706 \end{bmatrix}$

代入式（6 – 5），则 $\hat{a} = (B^T B)^{-1} B^T Y = \begin{bmatrix} a \\ b \end{bmatrix} = \begin{bmatrix} -0.1292 \\ 1029.6866 \end{bmatrix}$

由式（6 - 8）、（6 - 9）可知，$R^{(1)}$ 的 $GM(1,1)$ 时间响应式为式（6 - 20）。

$$\begin{cases} \hat{R}^{(1)}(t+1) = 7969.7105e^{0.13t} - 7569.7105 \\ \hat{R}^{(0)}(t+1) = \hat{R}^{(1)}(t+1) - \hat{R}^{(1)}(t) \end{cases} \quad (6-20)$$

2. 模拟值的平均相对误差检验

当 t = 1，2，3，4 时，代入公式（6 - 7），得到模拟值序列为式（6 - 21）。

$$[\hat{r}^{(0)}(2), \hat{r}^{(0)}(3), \hat{r}^{(0)}(4), \hat{r}^{(0)}(5)] = (1154.32, 1313.52, 1494.66, 1700.79) \quad (6-21)$$

代入式（6 - 13），得到模拟残差序列为式（6 - 22）。

$$[\varepsilon^{(0)}(2), \varepsilon^{(0)}(3), \varepsilon^{(0)}(4), \varepsilon^{(0)}(5)]$$
$$= [\hat{r}^{(0)}(2), \hat{r}^{(0)}(3), \hat{r}^{(0)}(4), \hat{r}^{(0)}(5)] - [r^{(0)}(2), r^{(0)}(3), r^{(0)}(4), r^{(0)}(5)]$$
$$= (-10.32, 25.48, -10.66, 5.21) \quad (6-22)$$

代入式（6 - 14），得到模拟相对误差序列为式（6 - 23）。

$$\Delta = \left(\left| \frac{\varepsilon^{(0)}(2)}{r^{(0)}(2)} \right|, \left| \frac{\varepsilon^{(0)}(3)}{r^{(0)}(3)} \right|, \left| \frac{\varepsilon^{(0)}(4)}{r^{(0)}(4)} \right|, \left| \frac{\varepsilon^{(0)}(5)}{r^{(0)}(5)} \right| \right)$$
$$= (\Delta_2, \Delta_3, \Delta_4, \Delta_5)$$
$$= (0.00902, 0.01903, 0.00718, 0.00305) \quad (6-23)$$

由式（6 - 15）可知，模拟序列平均相对误差式（6 - 24）。

$$\overline{\Delta} = \frac{1}{4} \sum_{i=1}^{4} \Delta_i = 0.00957 = 0.96\% \quad (6-24)$$

由灰色系统预测模型的精度检验等级参照表可知：该因此模型的模拟平均相对误差小于 1%，精度等级为 1 级，完全可用于预测。

3. 死亡人数预测

将 k = 5 代入式（6 - 9），得到预测值 $\hat{r}^{(0)}(6) = 1935.3453$，预测残差 $\varepsilon(6) = r^{(0)}(6) - \hat{r}^{(0)}(6) = 8.6547$，预测相对误差 $\Delta_6 = \frac{8.6547}{1944} = 0.4452\%$，去掉一个最老的信息 $R^{(0)}(1)$，置入一个最新的信息 $R^{(0)}(6)$，

得到建模序列 $R^{(0)} = (1144, 1339, 1484, 1706, 1944)$。以序列作为 $R^{(0)}$ 新的初始数列，根据新陈代谢 GM（1，1）预测模型进行 8 次运算，所得模拟值与平均相对误差如表 6 - 1 所示。

表 6 - 1   死亡人数模拟误差

运算次序	模拟值				平均相对误差（%）
1	1154. 32	1313. 52	1494. 66	1700. 79	0. 96
2	1321. 91	1500. 80	1703. 89	1934. 46	0. 76
3	1516. 88	1690. 57	1884. 14	2099. 87	1. 99
4	1750. 11	1891. 20	2043. 67	2208. 43	1. 86
5	1970. 24	2050. 70	2134. 45	2221. 62	1. 45
6	2099. 21	2136. 92	2175. 30	2214. 37	1. 35
7	2181. 50	2187. 99	2194. 49	2201. 01	0. 08
8	2184. 01	2194. 96	2205. 97	2217. 04	0. 14

由表 6 - 1 中的数据可知，所构建的新陈代谢 GM（1，1）预测模型的平均相对误差都小于 2，精度等级接近 1 级，表明新陈代谢 GM（1，1）预测模型通过了误差检验，是有效并可行的。预测结果如表 6 - 2 所示。

表 6 - 2   死亡人数实际值与预测值及误差

项目	实际值	预测值	残差	相对误差（%）
X0（5）	1706	1694. 8990	11. 1010	0. 6507
X0（6）	1944	1915. 9353	28. 0647	1. 4437
X0（7）	2064	2221. 6698	- 157. 6700	7. 6390
X0（8）	2183	2285. 4891	- 102. 4890	4. 6950
X0（9）	2187	2313. 6736	- 126. 6740	5. 7920
X0（10）	2192	2269. 3386	- 77. 3386	3. 5280
X0（11）	2203	2196. 3487	6. 6513	0. 3019
X0（12）	2220	2207. 5570	12. 4430	0. 5605

以死亡人数的实际值与模拟值的结果绘图，如图 6－2 所示。

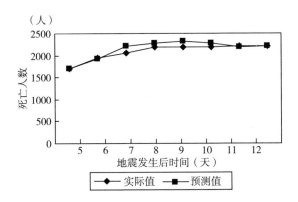

图 6－2　死亡人数实际值与模拟值对比

由式（6－14）可知，相对误差序列式（6－25）

$$\Delta = \left(\left| \frac{\varepsilon^{(0)}(5)}{r^{(0)}(5)} \right|, \left| \frac{\varepsilon^{(0)}(6)}{r^{(0)}(6)} \right|, \cdots, \left| \frac{\varepsilon^{(0)}(12)}{r^{(0)}(12)} \right| \right)$$

$$= （\Delta_5, \Delta_6, \cdots, \Delta_{12}）$$

$$= （0.6507\%, 1.4437\%, 7.639\%, 4.695\%, 5.792\%, 3.528\%, 0.3019\%,$$

$$0.5605\%）\tag{6－25}$$

平均相对误差为式（6－26）。

$$\bar{\Delta} = \frac{1}{8} \sum_{i=5}^{12} \Delta_i = 3.08\% = 0.0308 < 0.05 \tag{6－26}$$

因此，根据新陈代谢 GM（1，1）预测模型的预测平均相对误差为 3.08%，即平均预测精度为 96.92%。

6.3.2　对比分析

分别用经典灰色 GM（1，1）模型，新陈代谢 GM（1，1）模型，灰色离散 GM（1，1）模型，新陈代谢离散 GM（1，1）模型对青海玉树地震死亡人数进行模拟预测，得到的平均相对误差如表 6－3 所示。

表6-3 几种典型灰色预测模型的预测结果平均相对误差比较 单位:%

模型	经典灰色 GM(1,1)模型	新陈代谢 GM(1,1)模型	灰色离散 GM(1,1)模型	新陈代谢离散 GM(1,1)模型
平均相对误差	8.50	3.08	8.52	3.56

由4种模型平均相对误差对比表可以看出,针对青海玉树死亡人数特征的数据,新陈代谢 GM(1,1)模型的模拟效果最好,优于新陈代谢离散 GM(1,1)模型,明显优于经典灰色 GM(1,1)模型和灰色离散 GM(1,1)模型。用新陈代谢 GM(1,1)模型能有效地预测地震死亡人数变化情况,从而对大规模地震灾害应急救援中的生活类救援物资的需求量进行预测。

6.4 大规模地震灾害生活类救援物资需求预测

本书以饮用水为例,通过上述预测的死亡人数变化,来预测地震灾害应急救援中的消耗性救援物资需求量。计算中的主要参数设置如表6-4所示。

表6-4 主要参数设置

参数	a_i(ml/人·天)	$\overline{T}$(天)	α	$z_{1-\alpha}$
值	2500	1	0.05	1.65

则根据公式6-17,应急救援物资需求量的预测结果如表6-5所示。

表6-5 物资需求量的估算

时间	死亡人数（人）	存活人数（人）	饮用水(ml) 物资需求量	饮用水(ml) 需求量上界	饮用水(ml) 潜在物资短缺量
2	1144	88165	220412.5	440825	4340.221
3	1339	87970	219925.0	439850	4088.098

时间	死亡人数（人）	存活人数（人）	饮用水（ml）		
			物资需求量	需求量上界	潜在物资短缺量
4	1484	87825	219562.5	439125	3974.413
5	1695	87614	219035.0	438070	4098.866
6	1916	87393	218482.5	436965	4365.355
7	2222	87087	217717.5	435435	4860.294
8	2285	87024	217560.0	435120	5106.724
9	2314	86995	217487.5	434975	5206.830
10	2269	87040	217600.0	435200	5172.484
11	2196	87113	217782.5	435565	5055.681
12	2208	87101	217752.5	435505	4941.602

由表 6 - 5 可知：为保证灾民在下一次救灾物资运达之前有足够的救援物资，每个配送周期需要配送的物资应该满足灾民等待救援时间上限内所产生的平均需求量及其误差（潜在物资缺乏量）。

表 6 - 5 中以饮用水为例对第 2 ~ 12 时刻的大规模地震后应急救援物资需求进行了预测，根据实际生活中灾民对不同物资的需要调整表 6 - 4 中参数，该模型就可以被应用于对帐篷、方便面、面包等紧急性救援物资的需求预测。

本节结合玉树地震的实际情况，构建了基于新陈代谢 GM（1，1）的生活用品类物资需求预测模型并且利用该模型对大规模地震后生活用品类应急救援物资需求进行了预测。实例预测结果表明该模型可以很好地被应用于大规模地震应急救援物资需求预测。

第 7 章

基于灰色关联模型的大规模地震灾害器械类救援物资需求预测研究

7.1 大规模地震灾害器械类救援物资需求特性分析

大规模地震发生之后，地震的强度和烈度不同，不同地区的地形、房屋结构、受灾面积不同，所需要的救援器械数量也会不同。大规模地震之后专用救援器械类应急救援物资的需求受到地震的震级、地震持续时间、地震发生地区的人口密度以及当地建筑物的抗震等级等因素的影响。

大规模地震灾害发生后器械类救援物资需求体现出以下特点。

第一，紧急性。大规模地震灾害的发生往往造成多数房屋倒塌，道路塌陷，人员被掩埋并且多数被掩埋人员受到不同程度的创伤，需要第一时间修复通道，搜救被困人员。搜救工作仅仅靠人是不行的，需要借助于救援器械。因此，在灾害发生的第一时间需要将所需救援器械类物资运往灾区，及时开展救援工作，表现出紧急性的特征。

第二，阶段性。大规模地震灾害发生后，器械类救援物资的需求主要在救援初期。后期依然有需求，但其通道基本畅通，运输调度恢复正常，信息掌握更充分。前期主要是专业救援器械，打通运输通道，挖掘被困人员。后期主要是灾区的重建工作。不同阶段对救援器械需求的数量和种类不尽相同。

7.1.1　大规模地震灾害器械类救援物资需求预测概述

由于大规模地震灾害的发生常常造成道路损坏，人员被掩埋，部分严重的受灾人员会失去生命，而救援工作不可能依靠人力解决，需要调运大型专业器械进行清障及人员搜救工作。因此，有必要对大规模地震灾害器械类救援物资的需求进行预测。

从目前对大规模地震灾害器械类救援物资的需求和供给保障等方面的研究中可知，由于大规模地震灾害具有很强的突发性并且容易引发次生灾害，使得灾害发生后的紧急救助具有非常强的不确定性，其相应的对器械类救援物资的需求也具有很强的不确定性，因此直接对大规模地震灾害器械类救援物资的需求进行预测比较困难。

7.1.2　大规模地震灾害器械类救援物资需求统计特性分析

器械类的需求与以下因素相关：震级、持续时间、人口密度、抗震等级。

地震中的人员伤亡情况取决于很多因素，如震级大小、发生地点的人口密集度、地质结构、震源的深浅、地层表面的破裂规模、建筑物的设防程度、地震诱发的次生灾害的种类和规模、地震预报的水平、当地居民防灾意识的高低和心理承受能力的强弱等。

经过多方面的综合考虑，本书选取了震级、地震持续时间、人口密度、抗震等级等参数作为影响地震伤亡人数的指标，各预测指标具体内容如下。

1. 震级

所谓震级，是划分震源释放能量大小的等级。震级越大，说明震源释放能量越大，对地表结构、地上建筑物的破坏力也越大，人员伤亡的可能性也越大。

2. 持续时间

所谓地震持续时间，就是地震从发生到结束所用时间。一般地震发生较快，结束也较快，但造成的破坏性极大。相同震级的地震中，持续时间越长，破坏越大，相应的造成的伤亡也越大。

3. 人口密度

1976 年 5 月 29 日的云南省西部龙陵县和 1975 年 2 月 4 日的辽宁省海城市岔沟乡均发生了 7.3 级地震，但由于辽宁海城市为工业重镇，人口稠密，导致人员伤亡 18000 余人，死亡 1328 人，而云南龙陵死亡人数不足 100 人，受伤人数不足 2500。由上述例子以及诸多历史统计数据可以看出，发生在人口密集区的地震伤亡大，发生在无人区、海域或人烟稀少区的地震伤亡少，因此，人口密度与地震灾害人员伤亡有一定程度的关系。

4. 抗震等级

抗震设防烈度是指一个地区的建筑工程进行抗震设计时依据的地震烈度，是由国家住房和城乡建设部所制定的抗御地震破坏的一项技术指标。中华人民共和国成立以来，随着经验知识的积累和科学技术的进步，我国抗震设计规范先后进行了 6 次更新。1957 年，李善邦教授等人编制了我国第一代地震区划图即《中国地震烈度区划图及其说明书》，由于不尽完善，国家建设部门并未采纳，但为后来版本的地震区划图编制起到了很好的指导作用。1977 年，全国第二版地震区划图颁布实施，该区划图正式被抗震设计规范引用。1990 年，《中国地震动参数区划图》颁布实施，可称为第三版。2001 年，国家将《中国地震动参数区划图》以国家标准形式发布，这意味着该区划图具有强制的意义。2008 年，汶川地震发生后，国家给出了 2008 年修订版本的地震区划图。2010 年，《建筑抗震设计规范》（2010 版）的发布，给出了我国最新的地震抗震设防烈度。

实例表明，建筑物若采取合理的抗震设计，能够从相当程度上减少地震灾害的损失。例如，1989 年，山西省大同和阳高县交界发生了 6.1 级地震，造成了 16 万余间房屋受损，人员伤亡 160 人。在震后恢复重建工程中，对当地的重建房屋都加强了抗震设防能力，2 年后当地再次发生 5.8 级地震时，绝大多数居民房屋经受住了考验，Ⅶ度区内重建的房屋没有一间倒塌，这极大减小了地震损失。再如，1960 年，广东新丰江水库处发生了 4.3 级地震，导致水库大坝轻微损坏。之后，按照周恩来总理的指示，对水库大坝进行了 VIII 度的抗震设防加固。1961 年当地发生 6.1 级大地震时，破坏烈度达到了 VII 度，水库大坝安然无恙。由于造成人员伤亡的最主要原因是房屋等建筑物的倒塌和破坏，所以一个地区建筑物的抗震设防烈度与人员伤亡的严重程度也密切相关。

7.1.3　大规模地震灾害器械类救援物资需求预测方法选择

通过以上分析可知：首先，大规模地震灾害生活类救援物资需求是非常紧急的，因此在灾害发生后并没有非常多的数据信息提供参考，表现为"贫信息""小样本"的特征。其次，直接构建模型对大规模地震灾害器械类救援物资需求量进行预测比较困难，我们通过已发生的地震灾害类型和破坏程度进行类比，从而预测救援器械需求量。在类比前，我们需要设置类比因素，从而类比两次地震类型和破坏程度，从而有效预测地震前期对专业器械类救援物资的需求量。在模型的选择上，需要考虑到 2 点：第一是数据的"贫信息""小样本"性；第二是类比特性。鉴于以上分析，对大规模地震灾害前期器械类救援物资的预测我们采取灰色关联模型。

7.2　大规模地震灾害器械类救援物资需求预测模型构建

大规模地震发生后，当地震发生的强度、地理环境、建筑结构、救援方式等因素相同时，专业救援器械类物资需求也具有一定的相似性。本书以已经发生的地震作为原始样本建立样本库，根据目标地震的实际情形，建立灰色关联模型对大规模地震灾害专业救援器械类物资需求进行预测，以便更高效、更科学地开展救援工作。

大规模地震具有极大的破坏性，很多因素都会对专业救援器械类物资的需求造成影响。为便于研究，提取 M 个属性对 N 个样本进行描述。假设属性的集合为

$$Y = \{\omega_i \mid i \in I = \{1,2,\cdots,N\}\}, \text{其中}, \omega_i = \{\omega_i(k) \mid k \in \{1,2,\cdots,M\}\}$$

灰色关联模型判断序列联系是否紧密的根据是其曲线几何形状的相似程度，序列曲线的几何形状越接近，说明其变化趋势也就越相似，相应的序列之间的关联度就越大，反之关联度越小。因此，可以把曲线间差值的大小作为其关联程度的标尺，进而定义关联系数的数值计算公式。

称 Δ 为差异信息集，其中 $\Delta = \{\Delta_{i0} \mid \Delta_{i0}(1), \Delta_{i0}(2), \cdots, \Delta_{i0}(N)\}, i = 1,2,\cdots,M$

$$\Delta_{i0}(k) = \mid \omega_0(k) - \omega_i(k) \mid \tag{7-1}$$

灰关联系式（7-2）

$$\gamma_{i0}(k) = \gamma(\omega_0(k), \omega_i(k)) = \frac{\min\limits_{i \neq 0} \min\limits_{k} \Delta_{i0}(k) + \zeta \max\limits_{i \neq 0} \max\limits_{k} \Delta_{i0}(k)}{\Delta_{i0}(k) + \zeta \max\limits_{i \neq 0} \max\limits_{k} \Delta_{i0}(k)}$$

$$\tag{7-2}$$

其中, $\gamma(\omega_0(k), \omega_0(k)) = 1$

灰关联度为式（7-3）

$$\gamma(Y_0, Y_i) = \frac{1}{N} \sum_{k=1}^{N} \gamma(\omega_0(k), \omega_i(k)) \tag{7-3}$$

灰关联度确定之后，即可根据原始样本数据的规律对大规模地震灾害专业救援器械类物资需求进行预测。假设 S 为受灾面积，S1 为建筑物倒塌面积，S0 为目标地震样本的受灾面积，P 为大规模地震灾害专业救援器械单位时间的作业能力，M（t）为 t 时间内大规模地震灾害专业救援器械类物资需求数量如式（7-4）所示。

$$M(t) = \frac{S1}{S} \times S0 \times \frac{1}{P \times t} \tag{7-4}$$

7.3 大规模地震灾害器械类救援物资需求预测模型实例检验

假设样本集共包含 6 个原始样本，样本的有震级、持续时间、人口密度、抗震等级。原始样本为中国境内过去发生的 6 次大规模地震灾害（按序号依次为云南姚安、辽宁海域、四川小金、内蒙古包头、四川炉霍、云南龙陵），目标样本为青海省玉树地震，记为 ω_0，对大规模地震灾害专业救援器械类物资需求进行预测。样本数据如表 7－1 所示。

表 7－1　　　　　　　　　　　　地震灾害属性值

属性 序号	震级	持续时间	人口密度	抗震等级
ω_1	6.5	35	123	6
ω_2	7.3	47	727	8
ω_3	6.6	55	11	7
ω_4	6.4	50	183	8
ω_5	7.9	70	6	7
ω_6	7.4	66	73	9

玉树地震样本的相关属性值为 $\{7.1, 60, 7, 7,\}$，由于震级、持续时间、人口密度、抗震等级量纲不统一，不具有可比性。为了解决这个问题，首先将目标地震样本加入原始样本并对 ω 进行数值变换。

令式（7－5）

$$\omega'_i(k) = \frac{\omega_i(k)}{\max\limits_i \omega_i(k)} \quad k = 1,2,3,4 \tag{7-5}$$

根据式（7－5）对 ω 进行数值变换得出式（7－6）～式（7－12）。

$$\omega'_0 = \left(\frac{\omega_0(1)}{\max\limits_i \omega_i(1)}, \frac{\omega_0(2)}{\max\limits_i \omega_i(2)}, \frac{\omega_0(3)}{\max\limits_i \omega_i(3)}, \frac{\omega_0(4)}{\max\limits_i \omega_i(4)} \right)$$

$$= \left(\frac{7.1}{7.9}, \frac{60}{70}, \frac{7}{727}, \frac{7}{9} \right) \tag{7-6}$$

$$= (0.8987, 0.8571, 0.0096, 0.7778)$$

$$\omega'_1 = \left(\frac{\omega_1(1)}{\max\limits_i \omega_i(1)}, \frac{\omega_1(2)}{\max\limits_i \omega_i(2)}, \frac{\omega_1(3)}{\max\limits_i \omega_i(3)}, \frac{\omega_1(4)}{\max\limits_i \omega_i(4)} \right)$$

$$= \left(\frac{7.3}{7.9}, \frac{47}{70}, \frac{727}{727}, \frac{8}{9} \right) \tag{7-7}$$

$$= (0.8228, 0.5000, 0.1692, 0.6667)$$

$$\omega'_2 = (0.9241, 0.6714, 1.0000, 0.8889) \tag{7-8}$$

$$\omega'_3 = (0.8354, 0.7857, 0.0151, 0.7778) \tag{7-9}$$

$$\omega'_4 = (0.8101, 0.7143, 0.2517, 0.8889) \tag{7-10}$$

$$\omega_5 = (1.0000, 1.0000, 0.0083, 0.7778) \tag{7-11}$$

$$\omega'_6 = (0.9367, 0.9429, 0.1004, 1.0000) \tag{7-12}$$

数值变换之后的矩阵为式（7-13）。

$$\omega' = \begin{pmatrix} 0.8987 & 0.8571 & 0.0096 & 0.7778 \\ 0.8228 & 0.5000 & 0.1692 & 0.6667 \\ 0.9241 & 0.6714 & 1.0000 & 0.8889 \\ 0.8354 & 0.7857 & 0.0151 & 0.7778 \\ 0.8101 & 0.7143 & 0.2517 & 0.8889 \\ 1.0000 & 1.0000 & 0.0083 & 0.7778 \\ 0.9367 & 0.9429 & 0.1004 & 1.0000 \end{pmatrix} \tag{7-13}$$

根据式（7-1），可以计算 Δ ，结果如表 7-2 所示。

表 7-2   差异信息

k	1	2	3	4
Δ_{10}	0.0759	0.3571	0.1596	0.1111
Δ_{20}	0.0253	0.1857	0.9904	0.1111
Δ_{30}	0.0633	0.0714	0.0055	0.0000
Δ_{40}	0.0886	0.1429	0.2421	0.1111
Δ_{50}	0.1013	0.1429	0.0014	0.0000
Δ_{60}	0.0380	0.0857	0.0908	0.2222

环境参数

$$\Delta_{i0}(\max) = \max_{i \neq 0} \max_k \Delta_{i0}(k) = 0.9904$$

$$\Delta_{i0}(\min) = \min_{i \neq 0} \min_k \Delta_{i0}(k) = 0$$

取分辨系数 $\zeta = 0.5$，则有式（7 - 14）

$$\gamma(\omega_0(k),\omega_i(k)) = \frac{\min\limits_{i\neq0}\min\limits_{k}\Delta_{i0}(k) + \zeta\max\limits_{i\neq0}\max\limits_{k}\Delta_{i0}(k)}{\Delta_{i0}(k) + \zeta\max\limits_{i\neq0}\max\limits_{k}\Delta_{i0}(k)}$$

$$= \frac{0.5 \times 0.9904}{\Delta_{i0}(k) + 0.5 \times 0.9904}$$

$$= \frac{0.4952}{\Delta_{i0}(k) + 0.4952} \tag{7-14}$$

将表 7 - 2 数据带入式（7 - 14），可得灰关联系数及灰关联度，如表 7 - 3 所示。

表 7 - 3　　　　　　　　　　　　灰关联系数及灰关联度

灰关联系数 ＼ k	1	2	3	4	灰关联度
γ_{10}	0.8671	0.5810	0.7563	0.8168	0.7553
γ_{20}	0.9514	0.7273	0.3333	0.8168	0.7072
γ_{30}	0.8867	0.8740	0.9890	1.0000	0.9374
γ_{40}	0.8482	0.7761	0.6716	0.8168	0.7782
γ_{50}	0.8302	0.7761	0.9972	1.0000	0.9009
γ_{60}	0.9287	0.8525	0.8451	0.6903	0.8292

由表 7 - 3 可知，灰关联度 0.9374 > 0.9009 > 0.8292 > 0.7782 > 0.7553 > 0.7072，灰关联序为 $\gamma_{30} > \gamma_{50} > \gamma_{60} > \gamma_{40} > \gamma_{10} > \gamma_{20}$，即关联度最大者 $\gamma_{30} = 0.9374$，表明与玉树地震样本关联性最大的原始样本为样本 3，即四川小金地震。依据 1989 年四川小金地震相关情况对玉树地震的专业救援器械类物资需求进行预测。四川小金县于 1989 年 9 月 22 日发生 6.6 级地震，宏观震中在小金县的梭罗寨附近，震中烈度Ⅷ度，极震区为西北向椭圆，造成了该地区房屋倒塌、桥梁断裂、地裂、山崩、滚石等严重破坏。四川小金县以及青海玉树地震的相关参数设置如表 7 - 4 所示。

表7-4　　　　　　　　　　　　相关参数设置

地震发生地	受灾总面积 （平方千米）	建筑物倒塌面积 （平方米）	专业救援器械作业效率 （m^2/台/天）
四川小金	1120	5500	50
青海玉树	35862		

根据表7-4以及公式（7-5），取 $t = 3$，即对青海玉树地震震后3天的专业救援器械类应急救援物资需求进行预测。由式（7-15）可知，青海玉树地震震后3天的共需专业救援器械1175台。

$$
\begin{aligned}
M(t) &= \frac{S1}{S} \times S0 \times \frac{1}{P \times t} \\
&= \frac{5500}{1120 \times 10^6} \times 35862 \times 10^6 \times \frac{1}{50 \times 3} \\
&= 1175
\end{aligned}
\tag{7-15}
$$

本节考虑了地震震级、地震持续时间、地震发生地人口密度、建筑物的抗震等级，利用灰色关联模型建立了玉树地震同已发生地震的关联度。结果表明四川小金县地震同玉树地震具有很高的相似度，故根据该地震的应急救援设备的使用情况对玉树地震的相关设备的使用情况进行了预测。预测结果显示了该模型良好的实用性。

第8章

大规模地震灾害救援物资管理机制研究

8.1 大规模地震灾害应急救援物资需求预测机制

大规模地震灾害发生后，按照各类应急救援物资需求的特性分类，可以把大规模地震灾害应急救援物资分成：药品类应急救援物资、生活用品类应急救援物资和专用救援器械类应急救援物资等三类。而且，根据对国内外近年来发生的主要大规模地震灾害应急救援物资的需求数量、品种、紧急需求时间等核心要素的统计分析，三类大规模地震灾害应急救援物资各自的需求特性还是有内在需求规律的。因此，可以根据大规模地震灾害应急救援物资的不同需求规律，结合灰色预测建模方法与思路，定量并且准确地进行预测，构建大规模地震灾害应急救援物资需求预测机制。主要包括以下几点。

第一，构建好基于灰色离散 Verhulst 模型、基于连续区间灰数 Verhulst 模型的大规模地震灾害伤病员预测模型，根据灾害伤病员人数与药品类应急救援物资需求的线性关系，形成能快速地进行药品类应急救援物资需求预测格式化计算的计算工具。

第二，大规模地震灾害发生的初期，特别是 72 小时内，启动药品类应急救援物资需求计算预案，快速实施对大规模地震灾害发生的初期对药品类应急救援物资需求的品类、规模、需求时间等进行较为准确的紧急预测，同时，把灾害初期对药品类应急救援物资需求信息传递给救灾指挥部。

第三，构建好基于新陈代谢 GM（1，1）预测模型的大规模地震灾害伤亡人员预测模型，根据灾害伤亡人员人数与生活用品类应急救援物资需求的线性关系，形成能快速地进行生活用品类应急救援物资需求预测格式化计算的计算工具。

第四，在大规模地震灾害应急救援过程中，启动生活用品类应急救援物资需求计算预案，快速实施对大规模地震灾害应急救援过程中对生活用品类应急救援物资需求的品类、规模、需求时间等进行较为准确的紧急预测，同时，把灾害过程中对生活用品类应急救援物资需求信息传递给救灾指挥部。

第五，构建好基于灰色关联模型的大规模地震灾害专用器械类紧急救援物资需求预测模型，形成能快速地进行专用器械类紧急救援物资需求预测格式化计算的计算工具。

第六，在大规模地震灾害应急救援过程中，启动专用器械类紧急救援物资需求计算预案，快速实施对大规模地震灾害应急救援过程中对专用器械类紧急救援物资需求的品类、规模、需求时间等进行较为准确的紧急预测，同时，把灾害过程中对专用器械类紧急救援物资需求信息传递给救灾指挥部。

8.2 大规模地震灾害应急救援信息传递机制

当前，执行中的大规模地震灾害应急物流信息化程度还偏低，难以满足大规模地震灾害发生后的紧急信息传递需求，同时，我国大规模地震灾害易发地区的通信网络系统的承载能力又相对较低，通信系统对周边环境变化的适应性较弱。使得大规模地震灾害发生后，供需方的信息常常难以对接，容易形成信息孤岛，特别是一些紧急救援物资需求信息、灾区救援道路畅通信息、自然灾害演变发展发生信息等主要影响对灾区提供精准救援的相关信息很难传递或完全不能传递。上述重要信息能否传递的关键主要在于灾区内的通信系统受自然灾害发生的破坏程度。因此，大规模地震灾害应急救援信息的传递主要分常规通信方式正常运行情况下和常规通信方式中断情况下的大规模地震灾害应急救援信息传递机制等 2 种情况。

1. 常规通信方式正常运行情况下的大规模地震灾害应急救援信息传递机制

信息系统建设的核心是构建一个统一的大规模地震灾害应急救援物流信息共享平台。具体包括：（1）地方政府主导构建地方统一的大规模地震灾害应急救援物流信息共享平台；（2）地方各个相关职能部门构建各自相应的对接信息子系统或子平台；（3）总平台和各个子系统或子平台间要建立充分地进行信息共享和信息实时传递机制。

在大规模地震灾害发生后，由地方统一的大规模地震灾害应急救援物流信息共享平台进行大规模地震灾害应急救援信息的进行实时动态的集中汇总和集中发布，同时，为自然灾害应急救援指挥部提供信息支撑和统一决策。

2. 常规通信方式中断运行情况下的大规模地震灾害应急救援信息传递机制

对于某类特大自然灾害发生后，可能造成的大面积常规通信方式中断，主要的解决思路是主要是借助于军方、特殊个体或某些专门的应急专网等非常规通信方式。另外，要积极构建和健全大规模地震灾害专网应急通信保障组织机构和分级响应机制。

8.3　大规模地震灾害应急救援物资调拨与采购机制

由于大规模地震灾害发生时，对应急救援物资的种类、数量、速度等要求比较高，因此救援物资的提供者具有广泛性，主要应该包括自然灾害应急救援物资战略储备库、救援物资社会捐助点以及部分应急救援物资相关的生产供应商。

当大规模地震灾害发生后，首先启动大规模地震灾害战略储备库，战略储备库的应急救援物资数量不足时，通过对周边地区或更大范围内的应急救援物资战略储备库进行调度补充或者是采用紧急采购的方式由生产供应商直接供应。

与此同时，社会自发捐助的各种应急救援物资也集聚于各个捐助点，共同保障大规模地震灾害受灾地区的应急救援物资供应。对于大规模地震灾害发生后应急救援物资的紧急调拨、采购、供应，主要需要从时效性的视角，尽可能快地满足受灾群众的需求。

在物资调度管理方面，我国可以考虑设立专门的常设大规模地震灾害应急物流指挥调度机构。"512"地震发生后，我国初步成立了初级联动方式的单项危机综合应急指挥部。整合政府分散于多个职能部门的自然灾害应急救援力量，建立相互协调与统一指挥的工作机制，责权明确，协调指挥与控制。

在物资信息管理方面，我国可以考虑建立对多种专业救援设施设备的常规统计、调拨机制，以便于大规模地震灾害发生后，可以快速准确的依据专业救援设施设备的常规统计信息，启动对专业救援设施设备的快速寻找与调拨工作。

此外，还需建立对专业救援设施设备使用的训练或演练机制，逐步培养一批熟练掌握专业救援设施设备使用技巧的备用人员，以便于大规模地震灾害发生后，有更多相对专业人员能够使用，及时展开大规模的救援行动，提升对大规模地震灾害应急救援的效果。

8.4 大规模地震灾害应急救援物资存储机制

8.4.1 大规模地震灾害应急救援物资常规存储机制

常规救灾物资的储备是大规模地震灾害发生后能够快速实施紧急救助、安置灾民的基础和保障。因此，大规模地震灾害应急救援物资常规存储机制主要包括以下几点。

1. 合理布局国家级或地方性战略应急救援储备仓库

目前，民政部在全国设立的 10 个国家级战略应急物资储备仓库，具体在：哈尔滨、沈阳、天津、合肥、郑州、武汉、长沙、南宁、西安和成都等地，主要分布在我国的中东部地区，西部地区相对较少。但是，我国的西部地区确实我国主要的大地震、冰雪灾害发生相对较为频繁的区域，同时，我国西部地区的经济发展相对落后，灾区灾民的生产自救能力和自救条件相对较差，在遇到大规模地震灾害时，对外界的依赖性较强。因而，需在我国的西部、西北部地区新增加国家级战略应急物资储备仓库和省、市、县三级地方政府战略应急储备库的布局与建设。而且，这些救灾储备仓库应尽可能靠近大规模地震灾害频发地区和受灾地区，以便对灾情实施快速响应。

2. 合理调整战略应急救援储备仓库中救援物资储备数量与储备结构

一方面，国家层面重点加强郑州、武汉、南宁、西安和成都等 5 个靠近西部、西北部地区的国家级战略应急救援储备仓库中的应急救援物资储备总量，同时要统计分析中西部地区、中北部地区常发性大规模地震灾害的种类及对应急救援物资的需求种类、需求数量的统计、分析与研究，进而优化郑州、武汉、南宁、西安和成都等 5 个国家级战略应急救援储备仓库中的应急救援物资储备的结构。

另一方面，地处西部、西北部地区的省、市、县，要系统统计分析自己所在区域内常发性大规模地震灾害的种类及对应急救援物资的需求种类、需求数量的统计、分析与研究，来支持这些区域的地方政府战略应急储备库的发展与建设。

3. 大力推进合同储备、信息储备的发展与建设

一方面，政府和相关职能部门应加强和各个地方的医院、医药连锁企业、零售/批发商贸流通企业、大型专业机械专业市场或企业的合同储备合作与信息共享并且遴选一些龙头企业签订战略性合作协议，对常规性大规模地震灾害应急救援物资进行合同储备和信息储备合作。

另一方面，政府和相关职能部门应定期与上述企业进行大规模地震灾害应急救援物资紧急调拨、紧急采购、紧急供应、紧急配送等方面的训练或演练。

8.4.2 大规模地震灾害救援物资紧急救援存储机制

大规模地震灾害一旦发生，在对灾区进行紧急救援的过程中，对相应的紧急救援物资的存储管理主要包括：（1）对临时救助点的合理选址；（2）对应急救援物资集散中心的合理选址；（3）对社会捐赠物资集散中心的合理选址；（4）对临时救助点的应急救援物资存储数量与层次结构的决策；（5）对应急救援物资集散中心的应急救援物资存储规模决策。因此，在大规模地震灾害紧急救援过程中主要需从以下几个方面开展工作。

第一，构建大规模地震灾害紧急救援物流网络多周期多目标动态 LAP、LRP、LIP 优化模型并且形成能快速地进行临时救助点、应急救援物资集散中心、社会捐赠物资集散中心选址决策和临时救助点的应急救援物资储备规模、应急救援物资集散中心的应急救援物资存储规模动态优化与格式化计算的计算工具。

第二，大规模地震灾害发生后，紧急启动灾区临时救助点、应急救援物资集散中心、社会捐赠物资集散中心选址决策计算和临时救助点的应急救援物资存储规模、应急救援物资集散中心的应急救援物资存储规模决策计算，同时，把决策计算信息传递给救灾指挥部。

第三，根据上述科学决策，结合灾区内的实际情况，合理进行临时救助点、应急救援物资集散中心、社会捐赠物资集散中心选址和临时救助点的应急救援物资储备规模、应急救援物资集散中心的应急救援物资存储规模的确定。

8.5 大规模地震灾害应急救援运输与配送机制

大规模地震灾害发生后，在对灾区内紧急需求的救援物资进行快速运输或配送中，主要从以下几个方面展开工作。

1. 启动与灾区运输与配送相关信息的跟踪与实时动态管理

大规模地震灾害一旦发生，就必须紧急启动对：（1）对灾区内的各种运输方式的通行道路通达信息进行实时动态跟踪；（2）对灾区内各个应急救援物资需求点和需求信息进行实时动态跟踪；（3）对灾区内各个应急救援物资供给点和供给信息进行实时动态跟踪；（4）对灾区内的各种运输方式的运输工具运行信息进行实时动态跟踪等大规模地震灾害实施应急运输与配送的相关信息的动态跟踪与实时动态管理。

2. 启动对灾区的应急救援物资运输与配送路径决策管理

（1）构建大规模地震灾害紧急救援物流网络多周期多目标动态 LAP、LRP、LIP 优化模型，并形成能快速地进行应急救援物资运输与配送路径决策的动态优化与格式化计算的计算工具。

（2）大规模地震灾害发生后，紧急启动对应急救援物资运输与配送路径决策的动态计算，同时把决策计算信息传递给救灾指挥部。

（3）根据上述科学决策，结合灾区内的实际情况，合理选择和执行应急救援物资运输与配送路径。

3. 启动对灾区的应急救援物资运输与配送路径临时性紧急调整

大规模地震灾害发生后，随着时间的推移，往往会伴随着次生灾害或大规模地震灾害的延续发生或发展。因此，时常会因为次生灾害或大规模地震灾害的延续发生，会临时性的造成灾区内某些运输通道或某些运输方式的紧急中断，甚至于大面积交通运输瘫痪。

一旦上述情况发生，首先，需要再次动态启动灾区内运输与配送相关信息的跟踪与实时动态管理，查明交通运输中断原因；其次，要根据中断原因和可以借助的替代运输方式和运输通道，紧急改变运输与配送路径，实施紧急运输与配送；再次，如果常规运输方式均不能解决时，必须转而求助军方以军用方式实施紧急运输与配送；最后，如果军方的军用方式都没有实施条件时，只能启动借助于有特殊能力的人，诸如旅行者、登山者、深潜者等进行紧急运输与配送应急救援物资。

8.6　大规模地震灾害组织保障与协调机制

我国应该在国务院和省市县地方政府中专门设定一个自然灾害救灾管

理部门，专门进行自然灾害预防管理、灾害救援指挥和常规管理。日常主要编制不同灾害、不同等级的灾害救援预案，组织灾害的预防宣传、教育、培训和常规性的灾害救援演练；战略性救援物资储备仓库的采购与管理，灾害救援预防的督查等。自然灾害发生后，则是自然灾害紧急救援的指挥部，统筹中央有关部门之间、中央与地方及有关企业之间要的联动与协调组织，具体指挥整个救灾的全过程，协调不同政府部门分管的相关工作，保障应急救援的顺利开展。

同时，在大规模地震灾害救援过程中，要规范、合理、科学地引导社会自发救援人员（群）在灾区内要根据救灾指挥部的统筹安排实施救援，而不是在灾区内盲目进行救助，即让他们贡献出自己的一分力量，也更有利于灾区救援工作的有序进行，还可缓解灾区交通压力，提高灾区应急救援的效率。

第 9 章

结论及展望

9.1　研究结论

中国地理位置分布使得地震灾害频发，由于目前监测和预报工作的局限性，很难对灾害提前做出准确预测，同时大规模地震灾害的发生往往涉及面积大，影响范围广，短时间内会造成大量群众受灾并带来物资搬运、卫生防疫等救灾问题，如果不能及时做出有效应对可能导致灾难发生从而造成大量人员伤亡。基于此本书结合各种应急物资性质以及物资间的种属关系，根据大规模地震发生后不同应急救援物资需求紧急程度的不同，将应急救援物资进行分类，然后采用灰色 Verhulst 模型、灰色 GM（1，1）模型、灰色关联模型分别对大规模地震灾害后所需的各类应急救援物资需求进行预测，将灰色系统理论研究拓展到一个新的应用领域，同时也是对应急救援物流管理理论的丰富与发展，研究具有较强的理论意义和现实意义。总结本书研究可得以下结论。

第一，灰色建模技术对大规模地震灾害应急救援物资需求的预测能取到良好的效果。

由于大规模地震灾害发生后信息匮乏，数据量极少。而本书采用的灰色建模技术，具有"小样本""贫信息"的特点，能够科学合理的利用仅有少量信息做出科学的预测。并且随着科学技术的不断发展以及更加先进的救援设备的应用，信息公布周期会越来越短，灰色建模技术在大规模地震灾害应急救援物资需求预测中的效果必将越来越好。

第二，根据救援物资特性可将大规模地震灾害应急救援物资按照其需求变化规律分为三类，分别为药品类救援物资、生活用品类救援物资、专用救生类救援物资。3 种灰色预测模型均能准确地对救援物资需求进行预测。

药品类救援物资需求变化曲线呈现饱和的"S"形。采用灰色 Verhulst 模型对大规模地震应急救援医药类应急救援物资的需求进行预测，可以很好地贴合其变化趋势并对其进行预测。生活用品类应急救援物资的需求呈现出阶段性变化的特点，采用 GM（1，1）模型对大规模地震生活用品类应急救援物资进行预测，可以将不断变化的地震灾情考虑在内并及时反馈到模型中，大大提高了模型的预测精度。灰色关联模型将影响专业救援器械选择的因素，如震级、地震持续时间、地震发生地区的人口密度以及当地建筑物的抗震等级等众多因素考虑到模型中，更符合专业救援器械需求的实际情况。因此 3 种灰色预测模型在大规模地震灾害应急救援物资需求预测中的应用较为成功。

第三，在药品类救援物资需求预测中，灰色离散 Verhulst 模型和基于核和测度的连续区间灰数离散 Verhulst 预测模型的预测效果最好。

将药品类救援物资的需求预测根据其所得数据类型分为时点型和区间型，对于时点型数据构建经典灰色 Verhulst 模型和灰色离散 Verhulst 模型进行预测，结果表明灰色离散 Verhulst 模型预测效果更好。对于区间型数据构建了四个组合预测模型：基于信息分解的连续区间灰数 Verhulst 预测模型、基于核和测度的连续区间灰数 Verhulst 预测模型、基于信息分解的连续区间灰数离散 Verhulst 预测模型、基于核和测度的连续区间灰数离散 Verhulst 预测模型。结果表明基于核和测度的连续区间灰数离散 Verhulst 预测模型预测效果最好。

第四，在生活类救援物资需求预测中，新陈代谢 GM（1，1）预测模型的预测精度最高。

对比分析经典灰色 GM（1，1）模型、灰色离散 GM（1，1）模型、新陈代谢 GM（1，1）模型以及新陈代谢离散 GM（1，1）模型，发现新陈代谢 GM（1，1）模型的预测效果最好。实际的新陈代谢 GM（1，1）模型建模过程中，在原始数据序列中分阶段抽取部分数据来建模并且在抽取数据的过程中不断淘汰旧数据，加入新数据，这样就可以将不同阶段的不同情况、不同条件反映在模型中。采用新陈代谢 GM（1，1）模型对大规模地震生活用品类应急救援物资进行预测，可以将不断变化的地震灾情考虑及时地反映到模型中，大大地提高了模型的预测精度。

第五，在专用救生类救援物资需求预测中，灰色关联模型能准确预测大规模地震灾害救援所需器械类物资需求。

大规模地震灾害专用救生类物资的需求与多种因素有关，灰色关联模型将影响专业救援器械选择众多因素，如地震的震级、地震持续时间、地震发生地区的人口密度以及当地建筑物的抗震等级等都考虑到模型中，更贴合了专业救援器械需求的实际情况，能取得良好的预测效果。

第六，通过对大规模地震灾害应急救援物资需求进行预测，总结提出了应急救援物资管理机制。机制的研究有助于更有效的协调全局，对大规模地震灾害应急救援提供帮助。

可以根据大规模地震灾害应急救援物资的不同需求规律，结合灰色预测建模方法与思路，定量并且准确地进行预测，构建大规模地震灾害应急救援物资需求预测机制。从而对救援的信息传递机制、物资调拨/采购机制、物资存储机制、物资运输/配送机制以及组织保障与协调机制进行综合考虑，从而对大规模地震灾害应急救援提供决策参考。

9.2 研究中的不足之处

尽管本书对大规模地震灾害应急救援物资需求预测进行了相对详尽的分析及实例验证，但不可避免存在一些不足之处。就本书研究内容而言，主要存在以下问题。

第一，在药品类需求物资预测模型中，只是针对伤病员人数的预测从而对普用药品的种类和数量需求进行预测，并未涉及特殊药品及次生灾害所需药品需求量的预测。

第二，在需求预测中假设药品需求量与伤病员人数之间的关系为近似线性关系并不十分准确。虽然两者之间的近似线性关系是医学专家经过大量实例总结得到的规律，但由于地震灾害发生区域和地理环境的不同、药品需求种类和数量不同，简单的近似只能做到大概的需求预测，并不能做到十分精确。本书对伤病员人数的预测十分精确，因此在一定程度上提高了准确性，但如果考虑到救援环境的影响会更加准确。

第三，对医药类应急救援物资需求进行预测时，由于数据缺乏，只考虑了受伤人数序列。如果能够同时对康复人员序列进行预测，得到的结果会更加准确，更好地应用于大规模地震医药类应急救援物资需求预测。

第四，对大规模地震灾害专业救援器械类物资需求进行预测时，考虑到模型构建计算的复杂度，只列举了震级、持续时间、人口密度、抗震等级这四个重要属性，但是实际上影响大规模地震专业救援器械的因素不仅只有这些，还有待进一步扩展。

9.3 未来研究的展望

近年来，大规模地震应急救援物资需求预测主要是以相关专家的经验判断为主流，而学者对此的研究主要是在大规模地震发生后，搜集地震的震级、烈度、房屋损坏程度等相关信息继而再对应急救援物资需求进行预测，使得物资需求预测具有一定的滞后性。大规模地震发生后，时间对于应急救援具有极其重大的意义。灰色建模技术所需的"小样本""贫信息"决定了灰色模型可以用极少的数据量快速、准确、科学的对应急救援物资需求进行预测。因此，基于灰色建模技术的大规模地震应急救援物资需求预测方法成为大规模地震应急救援物资需求预测方法的一个重要发展方向，具有很好的应用前景。针对本书研究的一些局限性，后续研究可以在以下几个方面进行。

第一，本书目前的研究主要是针对一些具有代表性的应急救援物资在某些特定的救援阶段的需求，而大规模地震的应急救援工作极其复杂，所需救援物资种类繁多并且在不同的阶段具有不同的需求特征。未来可以针对更多的应急救援物资在不同的救援阶段相应的需求特征进行更加广泛的研究。

第二，本书研究的原始基础数据主要是来源于互联网和政府官网，信息掌握不全，缺乏进一步细化的相关信息，这对于更好地建模和更加准确细化的应急救援物资需求预测造成了一定的影响。未来可以在信息更加全面和细化的基础上，缩短预测的时间段，从而对大规模地震应急救援物资需求进行更加详细的预测。

第三，模型的进一步优化：连续区间序列通过分解为多条实数列从而达到预测的目的，但在分解和合成的过程中必然产生一定的误差。通过在合成以后建立以上下界误差平方和最小为目标函数，继而对模型参数进行寻优达到整体优化目的是下一步研究重点。

第四，大规模地震灾害发生后很容易引发次生灾害，下阶段将次生伤害考虑在内，预测其各种药品的需求量。

参考文献

［1］宝斯琴塔娜，齐二石．基于有序梯形模糊灰色关联 TOPSIS 的多属性决策方法［J］．运筹与管理，2018，27（8）：57－62.

［2］陈露，张凌霜．基于初值修正的组合灰色 Verhulst 模型［J］．数学的实践与认识，2010，40（11）：160－164.

［3］陈鹏宇．灰色 GM（1，1）模型的改进［J］．山东理工大学学报（自然科学版），2009，23（6）：80－83.

［4］程家喻，杨喆．唐山地震人员震亡率与房屋倒塌率的相关分析［J］．地震地质，1993，15（1）：82－87.

［5］程志斌．区间灰色数的递推残差辨识预测模式［J］．华中工学院学报，1984（1）：69－72.

［6］崔杰，党耀国，刘思峰．基于灰色关联度求解指标权重的改进方法［J］．中国管理科学，2008，16（5）：141－145.

［7］崔杰，刘思峰，曾波等．灰色 Verhulst 预测模型的数乘特性［J］．控制与决策，2013，28（4）：605－608.

［8］党耀国，刘思峰，刘斌等．多指标区间数关联决策模型的研究［J］．南京航空航天大学学报，2004，36（3）：403－406.

［9］邓聚龙．灰理论基础［M］．武汉：华中科技大学出版社，2002.

［10］邓聚龙．灰色系统基本方法［M］．武汉：华中科技大学出版社，2004.

［11］董卓宁，卢俊言，肖霄．基于灰色区间关联的 UCAV 自主决策方法［J］．北京航空航天大学学报，2013，39（11）：1536－1541.

［12］杜宏云，施红星，刘思峰等．基于斜率判断的灰色周期关联度研究［J］．中国管理科学，2010，18（1）：128－132.

［13］方志耕，刘思峰，陆芳等．区间灰数表征与算法改进及其 GM（1，1）模型应用研究［J］．中国工程科学，2005，7（2）：57－61.

［14］方智阳，文进，王俊峰等．地震灾害医疗应急救援推演研究［J］．计算机应用研究，2011，28（1）：172－181.

［15］冯民权，邢肖鹏，薛鹏松．BP 网络马尔可夫模型的水质预测研究——基于灰色关联分析［J］．自然灾害学报，2011（5）：169－175.

［16］傅志妍，陈坚．灾害应急物资需求预测模型研究［J］．物流科技，2009，（10）：11－13.

［17］耿秀丽，董雪琦，徐士东．灰色关联分析与云模型集成的方案评价方法［J］．计算机应用研究，2018，35（8）：2351－2359.

［18］郭金芬，周刚．大型地震应急物资需求预测方法研究［J］．价值工程，2011，30（22）：27－29.

［19］郭瑞鹏．应急物资动员决策的方法与模型研究［D］．北京：北京理工大学，2006.

［20］郭晓君，刘思峰，方志耕．具自忆性的改进灰色 Verhulst 模型研究及应用［J］．系统工程，2014，32（4）：137－141.

［21］何俊，张玉灵．灰色预测模型的优化及应用［J］．数学的实践与认识，2013，43（6）：87－93.

［22］何文章，郭鹏．关于灰色关联中的几个问题的探讨［J］．数理统计与管理，1999，18（3）：25－29.

［23］何文章，吴爱弟．估计 Verhulst 模型中参数的线性规划方法及应用［J］．系统工程理论与实践，2006（8）：141－144.

［24］何霞．灰色 GM（1，1）模型参数估计的加权最小二乘方法［J］．运筹与管理，2012，12（6）：23－28.

［25］贺政纲，黄娟．基于 FPSO 灰色 Verhulst 模型的铁路货运量预测［J］．铁道学报，2018，40（8）：1－8.

［26］洪雪倩，陈冠宇，周 超，周吕，徐骏平．基于小波去噪的灰色

Verhulst 模型在高铁路基沉降预测的应用［J］．测绘与空间地理信息，2018，41（8）：123－126．

［27］户佐安，蒲政，包天雯，李博威．基于 TOPSIS 法和灰色理论的交通信息网络布局优选［J］．交通运输工程与信息学报，2018，16（3）：38－45．

［28］黄建．Verhulst 模型的简捷计算程序［J］．江西林业科技，1992，（6）：39－40．

［29］贾珺，战晓苏，程文俊．基于灰色关联分析的网络战综合能力评估［J］．系统仿真学报，2012，24（6）：1185－1188．

［30］蒋诗泉，刘思峰，刘中侠等．基于面积的灰色关联决策模型［J］．控制与决策，2015，30（4）：685－690．

［31］兰海，史家钧．灰色关联分析与变权综合法在桥梁评估中的应用［J］．同济大学学报（自然科学版），2001，29（1）：50－54．

［32］李昂，王旭，蒋代军．基于 Verhulst 动态新陈代谢的邻近铁路基坑变形预测［J］．铁道科学与工程学报，2017，14（4）：739－744．

［33］李玻，魏勇．优化灰导数后的新 GM（1，1）模型［J］．系统工程理论与实践，2009，29（2）：100－105．

［34］李宏艳．关于灰色关联度计算方法的研究［J］．系统工程与电子技术，2004，26（9）：1231－1233．

［35］李军亮，肖新平，廖锐全．非等间隔 GM（1，1）幂模型及应用［J］．系统工程理论与实践，2010，30（3）：490－495．

［36］李磊．地震应急救援现场需求分析及物资保障［J］．防灾科技学院学报，2006，8（3）：15－18．

［37］李鹏，刘思峰，方志耕．基于灰色关联分析和 MYCIN 不确定因子的直觉模糊决策方法［J］．控制与决策，2011，26（11）：1680－1684．

［38］李鹏，刘思峰．基于灰色关联分析和 D－S 证据理论的区间直觉模糊决策方法［J］．自动化学报，2011，37（8）：993－998．

［39］李阳，李聚轩，滕立新．大规模灾害救灾物流系统研究［J］．科技导报，2005，23（7）：64－67．

［40］廖振良，刘宴辉，徐祖信．基于案例推理的突发性环境污染事件应急预案系统［J］．环境污染与防治，2009（1），86－89.

［41］刘悼，吴忠良．地震和地震海啸中报道死亡人数随时间变化的一个简单模型［J］．中国地震，2006，（4）：72－75.

［42］刘解放．基于核和灰半径的连续区间灰数预测模型［J］．系统工程，2013，31（2）：61－64.

［43］刘苗，燕列雅．GM（1，1）模型的优化及应用［J］．陕西科技大学学报，2011，6（29）：149－151.

［44］刘泉，吕锋，刘翔．灰色趋势关联分析及其应用［J］．系统工程理论与实践，2001，21（7）：77－80.

［45］刘思峰，蔡华，杨英杰等．灰色关联分析模型研究进展［J］．系统工程理论与实践，2013，33（8）：2041－2046.

［46］刘思峰，谢乃明，FORREST等．基于相似性和接近性视角的新型灰色关联分析模型［J］．系统工程理论与实践，2010，30（5）：881－887.

［47］刘威，崔高锋．估计GM（1，1）模型参数的一种新方法［J］．系统工程与电子技，2009，31（2）：4712－4716.

［48］刘亚群，李海波，裴启涛等．基于灰色关联分析的遗传神经网络在水下爆破中质点峰值振动速度预测研究［J］．岩土力学，2013，34（s1）：259－264.

［49］刘勇，Jeffrey，Forrest等．基于区间直觉模糊的动态多属性灰色关联决策方法［J］．控制与决策，2013，28（9）：1303－1308.

［50］刘中侠，刘思峰，蒋诗泉等．基于区间灰数相离度的灰色关联决策模型［J］．统计与信息论坛，2017，32（9）：24－28.

［51］罗党，李琳．基于核和测度的区间灰数预测模型［J］．数学的实践与认识，2014，44（8）：96－100.

［52］罗党，杨会雨．基于前景理论的多目标灰色关联决策方法［J］．数学的实践与认识，2016，46（21）：10－16.

［53］骆公志，崔杰．灰色GM（1，1）模型新的改进方法［J］．统

计与决策，2008，10（10）：11-14.

[54] 孟参，王长琼. 应急物流系统运作流程分析及其管理［J］. 物流技术，2006（9）：15-17.

[55] 穆瑞，张家泰. 基于灰色关联分析的层次综合评价［J］. 系统工程理论与实践，2008，28（10）：125-130.

[56] 聂高众，高建国，苏桂武等. 地震应急救助需求的模型化处理一来自地震震例的经验分析［J］. 资源科学，2001，23（1），69-76.

[57] 欧忠文，王会云，姜大立，卢宝亮，甘文旭，梁靖. 应急物流［J］. 重庆大学学报，2004，27（3）：164-167.

[58] 乔洪波. 应急物资需求分类及需求量研究［D］. 北京：北京交通大学，2009.

[59] 邱红胜，赵勇强，付绍卿，等. 基于SA算法的灰色Verhulst模型在软土路基沉降预测中的应用［J］. 重庆交通大学学报（自然科学版），2018，37（2）：55-59.

[60] 沈春光，陈万明，裴玲玲. 无偏灰色Verhulst模型初始条件的优化［J］. 统计与信息论坛，2011，26（5）：3-6.

[61] 施红星，刘思峰，方志耕等. 灰色周期关联度模型及其应用研究［J］. 中国管理科学，2008，16（3）：131-136.

[62] 史向峰，申卯兴. 基于灰色关联的地空导弹武器系统的使用保障能力研究［J］. 弹箭与制导学报，2007，27（3）：83-85.

[63] 宋晓宇，刘春会，常春光. 基于改进GM（1，1）模型的应急物资需求量预测［J］. 沈阳建筑大学学报（自然科学版），2010，26（6）：1214-1218.

[64] 宋中民. 灰色区间预测的新方法［J］. 武汉理工大学学报（交通科学与工程版），2002，26（6）：796-799.

[65] 苏博，刘鲁，杨方廷. 基于灰色关联分析的神经网络模型［J］. 系统工程理论与实践，2008，28（9）：98-104.

[66] 孙晓东，焦玥，胡劲松. 基于灰色关联度和理想解法的决策方法研究［J］. 中国管理科学，2005，13（4）：63-68.

［67］孙燕娜，王玉海，廖建辉．救灾需求内涵模式及其指标体系与救助评估研究［J］．经济与管理研究，2010（6），85 – 94.

［68］谭学瑞，邓聚龙．灰色关联分析：多因素统计分析新方法［J］．统计研究，1995，12（3）：46 – 48.

［69］田建艳，张鹏飞，刘思峰．基于灰色关联分析的神经网络轧制力预报模型的研究［J］．应用力学学报，2009，26（1）：164 – 167.

［70］王丰，姜玉宏，王进．应急物流［M］．北京：中国物资出版社．2007.47 – 50.

［71］王海城，徐进军．Verhulst 模型优化及其在建筑物沉降监测中的应用［J］．测绘通报，2016（s2）．

［72］王海元，韩二东．灰色关联投影下的模糊多属性群决策方法［J］．计算机工程与应用，2016，52（19）：222 – 227.

［73］王坚强．"奖优罚劣"的动态多指标灰色关联度模型研究［J］．系统工程与电子技术，2002，24（3）：39 – 41.

［74］王军武，吕淑文．基于灰色关联度的建筑供应商选择方法研究［J］．武汉理工大学学报，2007，29（3）：153 – 156.

［75］王利东，赵敏，刘静霞．基于灰色关联分析和证据理论的语言值群决策模型［J］．模糊系统与数学，2017（1）：86 – 92.

［76］王楠，刘勇，曾敏刚．自然灾害应急物流的物资分配决策研究［J］．中国物流前沿学术报告，2006：518 – 525.

［77］王清印．区间型灰数矩阵及其运算［J］．华中理工大学学报，1992，20（1）：165 – 168.

［78］王体春，卜良峰．基于灰色关联分析的复杂产品方案设计多属性权重分配模型［J］．机械科学与技术，2011，30（7）：1187 – 1190.

［79］王先甲，张熠．基于 AHP 和 DEA 的非均一化灰色关联方法［J］．系统工程理论与实践，2011，31（7）：1222 – 1229.

［80］王旭坪，傅克俊，胡祥培．应急物流系统及其快速反应机制研究［J］．中国软科学，2005，（6）：127 – 131.

［81］王正新，党耀国．基于离散指数函数优化的 GM（1，1）模型

[J]. 系统工程理论与实践，2008，12（2）：61 – 67.

［82］王正新，刘思峰，沈春光. 灰色 Verhulst 模型的灰导数改进研究 [J]. 统计与信息论坛，2010，25（6）：19 – 22.

［83］吴华安，曾波，彭友，周猛. 基于多维灰色系统模型的城市人口密度预测 [J]. 统计与信息论坛，2018，33（8）：60 – 66.

［84］吴斯亮. 大型地震应急物资需求动态预测模型研究 [D]. 哈尔滨：哈尔滨工业大学，2012. 29 – 32.

［85］吴正鹏，刘思峰. 再论离散 GM（1，1）模型的病态问题的研究 [J]. 系统工程理论与实践，2011，31（1）：108 – 112.

［86］向跃霖. Verhulst 灰色派生模型在万元产值废水量预测中的应用 [J]. 江苏环境科技，1997，（1）：15 – 17.

［87］肖新平. 关于灰色关联度量化模型的理论研究和评论 [J]. 系统工程理论与实践，1997，17（8）：77 – 82.

［88］谢乃明，刘思峰. 几类关联度模型的平行性和一致性 [J]. 系统工程，2007，25（8）：98 – 103.

［89］熊和金，陈绵云，瞿坦. 灰色关联度公式的几种拓广 [J]. 系统工程与电子技术，2000，22（1）：8 – 10.

［90］徐华锋，方志耕. 优化白化方程 GM（1，1）模型 [J]. 数学的实践与认识，2011，41（7）：164 – 169.

［91］徐华锋，刘思峰. GM（1，1）模型灰色作用量的优化 [J]. 数学的实践与认识，2010，40（2）：27 – 34.

［92］杨德岭，刘思峰，曾波. 基于核和信息域的区间灰数 Verhulst 预测模型 [J]. 控制与决策，2013，28（2）：264 – 268.

［93］杨杰英，李永强，刘丽芳等. 地震三要素对地震伤亡人数的影响分析 [J]. 地震研究，2007，30（2）：182 – 187.

［94］袁方方，陈新锋. 基于灰色关联度的移动第三方支付交易规模影响因素分析 [J]. 当代经济，2018，17：8 – 10.

［95］岳韶华，周国安，张纳温等. 基于灰色关联分析的组网情报处理性能评价 [J]. 空军工程大学学报·自然科学版，2009，10（1）：

69 – 73.

[96] 臧冬伟，陆宝宏，朱从飞等．基于灰色关联分析的 GA – BP 网络需水预测模型研究 [J]．水电能源科学，2015 (7)：39 – 42.

[97] 曾波，刘思峰，谢乃明等．基于核和灰度的区间灰数预测模型 [J]．系统工程与电子技术，2011，33 (4)：821 – 824.

[98] 曾波，刘思峰，谢乃明等．基于灰数带及灰数层的区间灰数预测模型 [J]．控制与决策，2010，25 (10)：1585 – 1592.

[99] 曾波，刘思峰，孟伟．基于核和面积的离散灰数预测模型 [J]．控制与决策，2011，26 (9)：1421 – 1424.

[100] 曾祥艳，肖新平．累积法 GM (1，1) 模型的改进与应用 [J]．统计与决策，2009，11 (7)：32 – 36.

[101] 湛社霞，匡耀求，阮柱．基于灰色关联度的粤港澳大湾区空气质量影响因素分析 [J]．清华大学学报（自然科学版），2018，58 (8)：761 – 767.

[102] 张吉军．区间数多指标决策问题的灰色关联分析法 [J]．系统工程与电子技术，2005，27 (6)：1030 – 1033.

[103] 张军，李占凤．大规模地震灾害紧急救援药品需求的预测 [J]．统计与决策，2014 (13)：90 – 93.

[104] 张启义，周先华，王文涛．基于改进灰色关联分析法的工程防护效能评估方法 [J]．解放军理工大学自然科学版，2007，8 (3)：283 – 287.

[105] 张绍良，张国良．灰色关联度计算方法比较及其存在问题分析 [J]．系统工程，1996 (3)：45 – 49.

[106] 张文俊，王铁宁，郭齐胜，等．应急物资保障计划辅助决策模型 [J]．物流科技，2004，27 (4)：83 – 86.

[107] 张旭凤．应急物资分类体系及采购战略分析 [J]．中国市场，2007 (32)：110 – 111.

[108] 赵国瑞，崔庆岳，田振明．基于广义灰色关联度和 TOPSIS 模型的院校评价因素分析 [J]．齐齐哈尔大学学报，2018，34 (5)：

78 – 81.

［109］赵艳．浅谈我国应急物流系统的构建［J］．中国市场，2008（36）：42 – 43.

［110］赵一兵，高虹霓，冯少博．基于支持向量机回归的应急物资需求预测［J］．计算机仿真，2013，30（8）：408 – 411.

［111］赵振东，林均歧，钟江荣，等．地震人员伤亡指数与人员伤亡状态函数［J］．自然灾害学报，1998，7（3）：90 – 96.

［112］赵振东，郑向远，钟江荣．地震人员伤亡的动态评估［J］．地震工程与工程振动，1999，19（4）：149 – 156.

［113］周刚，程卫民．改进的模糊灰色关联分析法在热舒适度影响因素评定中的应用［J］．安全与环境学报，2005，5（4）：90 – 93.

［114］周静，陈允平，梁劲等．灰色向量关联度在故障定位中的判相［J］．高电压技术，2005，31（3）：12 – 14.

［115］周止龙，马本江，胡凤英．基于熵值法与灰色关联决策的最佳响应方案［J］．统计与决策，2017（8）：46 – 49.

［116］朱沙．灰色 Verhulst 模型在高速公路路基沉降预测中的应用［J］．公路与汽运，2018（3）．

［117］邹凯，包明林，张晓瑜，等．基于三角模糊软集的多属性灰色关联决策方法［J］．中国管理科学，2015，23（s1）：23 – 27.

［118］Arminas D. Supply lessons of tsunami aid［J］. Supply Management，2005，10（2）：14.

［119］B. Balcik，B. M. Beamon. Facility location in humanitarian relief［J］. International Journal of Logistics Research & Applications，2008，11（2）：101 – 121.

［120］Beamon B M. Humanitarian relief chains：issues and challenges［C］. Proceedings of the 34th International Conference on Computers and Industrial Engineering. Seattle，WA：University of Washington，2004，34：77 – 82.

［121］Blecken A，Hellingrath B. Supply chain management software for humanitarian operations: review and assessment of current tools [C]. Proceed-ings of the 5th ISCRAM , 2008.

[122] Bozorgi-Amiri, Ali, Jabalameli, et al. A multi-objective robust sto-chastic programming model for disaster; relief logistics under uncertainty [J]. Or Spectrum, 2013, 35 (4): 905 – 933.

[123] Chan J W K, Tong T K L. Multi-criteria material selections and end-of-life product strategy: Grey relational analysis approach [J]. Materials & Design, 2007, 28 (5): 1539 – 1546.

[124] Chan J W K. Product end-of-life options selection: grey relational a-nalysis approach [J]. International Journal of Production Research, 2008, 46 (11): 2889 – 2912.

[125] Chen C I, Huang S J. The necessary and sufficient condition for GM (1, 1) grey prediction model [J]. Applied Mathematics & Computation, 2013, 219 (11): 6152 – 6162.

[126] Chomolier B, Samii R, Wassenhove L N. The central role of supply chain management at IFRC [J]. Forced Migration Review, 2003, 18: 15 – 16.

[127] Dang Y G, Liu S F. The GM models that x (n) be taken as initial value [J]. The international journal of systems & cyberntics, 2004, 33 (2): 247 – 255.

[128] Ergun O, Kuyzu G, Savelsbergh M. Reducing truckload transporta-tion costs through collaboration [J]. Transportation Science, 2007, 41 (2): 206 – 221.

[129] Fan H, Tong Z, Zhao X, et al. Research on emergency relief goods distribution after regional natural disaster occurring [C]. International Conference on Information Management, Innovation Management and Industrial Engineering. IEEE, 2009: 156 – 161.

[130] Fiedrich F, Gehbauer F. Rickers U. Optimized resource allocation for emergency response after earthquake disasters [J]. Safety Science, 2000,

35（1）：41 –57.

［131］Haghani A，Oh S C. Formulation and solution of a multi-commodity，multi-modal network flow model for disaster relief operations ［J］. Transportation Research Part A Policy & Practice，1996，30（3）：231 –250.

［132］Haghani A，Oh S C. Formulation and solution of a multi-commodity，multi-modal network flow model for disaster relief operations ［J］. Transportation Research Part A Policy & Practice，1996，30（3）：231 –250.

［133］Hamzaebi C，Pekkaya M. Determining of stock investments with grey relational analysis ［J］. Expert Systems with Applications，2011，38（8）：9186 –9195.

［134］Hashemi S H，Karimi A，Tavana M. An integrated green supplier selection approach with analytic network process and improved Grey relational analysis ［J］. International Journal of Production Economics，2015，159（159）：178 –191.

［135］Huanga S J，Chen L W. Integration of the grey relational analysis with genetic algorithm for software effort estimation ［J］. European Journal of Operational Research，2008，188（3）：898 –909.

［136］Hu Z H. Relief demand forecasting in emergency logistics based on tolerance model ［C］. Third International Joint Conference on Computational Science and Optimization. IEEE，2010：451 –455.

［137］Jia H，Ordonez F. ，Dessouky M. A modeling framework for facility location of medical services for large-scale emergencies ［J］. IIE Transactions，2007，39（1）：41 –55.

［138］Jiuh-Biing Sheu. An emergency logistics distribution approach for quick response to urgent relief demand in disasters ［J］. Transportation Research Part E：Logistics and Transportation Review，2007，43（6）：687 –709.

［139］Kayacan E，Ulutas B，Kaynak O. Grey system theory-based models in time series prediction ［J］. Expert Systems with Applications，2010，（37）：

1784 – 1789.

[140] Kung C Y, Wen K L. Applying Grey Relational Analysis and Grey Decision-Making to evaluate the relationship between company attributes and its financial performance—A case study of venture capital enterprises inTaiwan [J]. Decision Support Systems, 2007, 43 (3): 842 – 852.

[141] Kuo Y, Yang T, Huang G W. The use of grey relational analysis in solving multiple attribute decision-making problems [J]. Computers & Industrial Engineering, 2008, 55 (1): 80 – 93.

[142] Lai H H, Lin Y C, Yeh C H. Form design of product image using grey relational analysis and neural network models [J]. Computers & Operations Research, 2005, 32 (10): 2689 – 2711.

[143] Lee W S, Lin Y C. Evaluating and ranking energy performance of office buildings using Grey relational analysis [J]. Energy, 2011, 36 (5): 2551 – 2556.

[144] Li J. Application of improved grey GM (1, 1) model in tourism revenues prediction [C]. International Conference on Computer Science and Network Technology. IEEE, 2012: 800 – 802.

[145] Lin C T, Hsu P F, Chen, B Y. Comparing accuracy of GM (1, 1) and grey Verhulst model in Taiwan dental clinics forecasting [J]. The Journal of Grey System, 2007, 19 (1): 31 – 38.

[146] Lin J L, Lin C L. The use of the orthogonal array with grey relational analysis to optimize the electrical discharge machining process with multiple performance characteristics [J]. International Journal of Machine Tools & Manufacture, 2002, 42 (2): 237 – 244.

[147] Lin S L, Wu S J. Is grey relational analysis superior to the conventional techniques in predicting financial crisis? [J]. Expert Systems with Applications, 2011, 38 (5): 5119 – 5124.

[148] Li Q X, Liu S F. The foundation of the grey matrix and the grey input-output analysis [J]. Applied Mathematical Modelling, 2008, 32 (3):

267 – 291.

［149］Liu, Sifeng, Lin, Yi. An axiomatic definition for the degree of greyness of grey numbers ［J］. IEEE System Man and Cybernetics, 2004: 2420 – 2424.

［150］Liu S, Zeng B, Liu J, et al. Four basic models of GM (1, 1) and their suitable sequences ［J］. Grey Systems, 2015, 5 (2): 141 – 156.

［151］Liu sifeng. On measure of grey information ［J］. The Journal of Grey System, 1995, 7 (2): 97 – 101.

［152］Liu X, Peng H, Bai Y, et al. Tourismflows prediction based on an improved grey GM (1, 1) model ［J］. Procedia-Social and Behavioral Sciences, 2014, 138: 767 – 775.

［153］Li X, Hipel K W, Dang Y. An improved grey relational analysis approach for panel data clustering ［M］. Expert Systems with Applications, 2015, 42 (9): 9105 – 9116.

［154］Long D. Logistics for disaster relief: engineering on the run ［J］. Iie Solutions, 1997 (June) .

［155］Mert A, Adivar BO. Fuzzy disaster relief planning with credibility measures ［C］. In 24th Mini EURO conference on Continuous optimization and information-based technologies in the financial sector, Izmir, Turkey 2010.

［156］Moberg C R, Hale T. Improving supply chain disaster preparedness: A decision process for secure site location ［J］. International Journal of Physical Distribution & Logistics Management, 2005, 35 (3): 195 – 207.

［157］Mohammadi R, Ghomi S M T F, Zeinali F. A new hybrid evolutionary based RBF networks method for forecasting time series: A case study of forecasting emergency supply demand time series ［J］. Engineering Applications of Artificial Intelligence, 2014, 36 (36): 204 – 214.

［158］Pophali G R, Chelani A B, Dhodapkar R S. Optimal selection of full scale tannery effluent treatment alternative using integrated AHP and GRA approach ［J］. Expert Systems with Applications, 2011, 38 (9): 10889 – 10895.

[159] Rajesh R, Ravi V. Supplier selection in resilient supply chains: a grey relational analysis approach [J]. Journal of Cleaner Production, 2015, 86: 343 –359.

[160] Russell, Timothy Edward. The humanitarian relief supply chain: analysis of the 2004 South East Asia Earthquake and Tsunami [D]. Massachusetts Institute of Technology, 2005.

[161] Sheu J B. Challenges of emergency logistics management [J]. Transportation Research Part E, 2007, 43 (6): 655 –659.

[162] Sheu J B. Dynamic relief-demand management for emergency logistics operations under large-scale disasters [J]. Transportation Research Part E Logistics & Transportation Review, 2010, 46 (1): 1 –17.

[163] Sun G, Guan X, Yi X, et al. Grey relational analysis between hesitant fuzzy sets with applications to pattern recognition [J]. Expert Systems with Applications, 2017, 92: 521 –532.

[164] Tomasini R M, Van Wassenhove L N. From preparedness to partnerships: case study research on humanitarian logistics [J]. International Transactions in Operational Research, 2010, 16 (5): 549 –559.

[165] Tripathy S, Tripathy D K. Multi-attribute optimization of machining process parameters in powder mixed electro-discharge machining using TOPSIS and grey relational analysis [J]. Engineering Science & Technology An International Journal, 2016, 19 (1): 62 –70.

[166] Tufekci S, Wallace W A. The emerging area of emergency management and engineering [J]. Engineering Management IEEE Transactions on, 2002, 45 (2): 103 –105.

[167] Wang P, Meng P, Zhai J Y, et al. A hybrid method using experiment design and grey relational analysis for multiple criteria decision making problems [J]. Knowledge-Based Systems, 2013, 53 (9): 100 –107.

[168] Wang Z X, Li Q, Pei L L. A seasonal GM (1, 1) model for forecasting the electricity consumption of the primary economic sectors [J]. Ener-

gy, 2018, 154: 522 – 534.

[169] Wassenhove L N V. Humanitarian aid logistics: supply chain management in high gear [J]. Journal of the Operational Research Society, 2006, 57 (5): 475 – 489.

[170] Wei G. Grey relational analysis model for dynamic hybrid multiple attribute decision making [J]. Knowledge-Based Systems, 2011, 24 (5): 672 – 679.

[171] Wei G. W. GRA method for multiple attribute decision making with incomplete weight information in intuitionistic fuzzy setting [J]. Knowledge-Based Systems, 2010, 23 (3): 243 – 247.

[172] Wei G. W. Gray Relational analysis method for intuitionistic fuzzy multiple attribute decision making [J]. Expert Systems with Applications, 2011, 38 (9): 11671 – 11677.

[173] Wei G. W. Grey relational analysis method for 2-tuple linguistic multiple attribute group decision making with incomplete weight information [J]. Expert Systems with Applications, 2011, 38 (5): 4824 – 4828.

[174] Wu W Y, Chen S P. A prediction method using the grey model GMC (1, n) combined with the grey relational analysis: a case study on Internet access population forecast [J]. Applied Mathematics & Computation, 2005, 169 (1): 198 – 217.

[175] Xiao X C, Wang X Q, Fu K Y, et al. Grey relational analysis on factors of the quality of Web service [J]. Physics Procedia, 2012, 33: 1992 – 1998.

[176] Xu X, Qi Y, Hua Z. Forecasting demand of commodities after natural disasters [J]. Expert Systems with Applications, 2010, 37 (6): 4313 – 4317.

[177] Yao C. Application of gray relational analysis method in comprehensive evaluation on the customer satisfaction of automobile 4S enterprises [J]. Physics Procedia, 2012, 33 (1): 1184 – 1189.

［178］ Yi W, Kumar A. Ant colony optimization for disaster relief operations ［J］. Transportation Research Part E: Logistics and Transportation Review, 2007, 43 (6): 660 - 672.

［179］ Zeng B, Liu S F, Xie N M. Prediction model of interval grey number based on DGM (1, 1) ［J］. Journal of Systems Engineering and Electronics, 2010, 21 (4): 598 - 603.

［180］ Zeng G, Jiang R, Huang G, et al. Optimization of wastewater treatment alternative selection by hierarchy grey relational analysis ［J］. Journal of Environmental Management, 2007, 82 (2): 250 - 259.

［181］ Zhang S F, Liu S Y. A GRA-based intuitionistic fuzzy multi-criteria group decision making method for personnel selection ［J］. Expert Systems with Applications, 2011, 38 (9): 11401 - 11405.

［182］ Zhang X, Jin F, Liu P. A grey relational projection method for multi-attribute decision making based on intuitionistic trapezoidal fuzzy number ［J］. Applied Mathematical Modelling, 2013, 37 (5): 3467 - 3477.

［183］ Z X Wang, Y G Dang, Y M Wang. A new grey Verhulst model and its application ［C］. IEEE International Conference on Grey System and Intelligent Services, 2007: 571 - 574.